EUL VERLAG

Reihe: Planung, Organisation und Unternehmungsführung · Band 131

Herausgegeben von Prof. Dr. Dr. h. c. Norbert Szyperski, Köln, Prof. Dr. Udo Winand, Kassel, Prof. (em.) Dr. Joachim Griese, Bern, Prof. Dr. Harald F. O. von Kortzfleisch, Koblenz, Prof. Dr. Ludwig Theuvsen, Göttingen, und Prof. Dr. Andreas Al-Laham †, Mannheim

Dr. Andreas Palm

Post Merger Integration von Unternehmenskulturen

Interkulturelles Integrationskonzept unter besonderer Berücksichtigung einer ganzheitlichen Kommunikationsstrategie

EUL VERLAG

Bibliografische Information der Deutschen Nationalbibliothek

Die Deutsche Nationalbibliothek verzeichnet diese Publikation in der Deutschen Nationalbibliografie; detaillierte bibliografische Daten sind im Internet über <http://dnb.d-nb.de> abrufbar.

Dissertation, Technische Gediminas-Universität Vilnius, 2012, unter dem Titel: Gestaltung einer ganzheitlichen Kommunikationsstrategie bei der Post Merger Integration von Unternehmenskulturen

ISBN 978-3-8441-0137-9
1. Auflage März 2012

JOSEF EUL VERLAG GmbH
Brandsberg 6
53797 Lohmar
Tel.: 0 22 05 / 90 10 6-6
Fax: 0 22 05 / 90 10 6-88
E-Mail: info@eul-verlag.de
http://www.eul-verlag.de

Bei der Herstellung unserer Bücher möchten wir die Umwelt schonen. Dieses Buch ist daher auf säurefreiem, 100% chlorfrei gebleichtem, alterungsbeständigem Papier nach DIN 6738 gedruckt.

Meinen Eltern

Vorwort

Bereits beim Studium der Interkulturellen Wirtschaftskommunikation wurde durch Herrn Prof. Dr. Bolten mein Interesse am in dieser Arbeit behandelten Themenkomplex der interkulturellen Zusammenhänge insbesondere in Bezug auf Mergers & Acquisitions geweckt. Auch im Rahmen meines weiteren Studiums und während meiner Zeit in der Unternehmensberatung gab es immer wieder Anknüpfungspunkte hierzu. So hat es mich gefreut, Herrn Prof. Dr. Ginevičius als Doktorvater für meine Dissertation gewinnen zu können, dem ich für seine jederzeit aufmerksame Betreuung und kritische Diskussionen herzlich danken möchte.

Dank auch an die Gutachter und Mitglieder der Prüfungskommission, insbesondere Herrn Prof. Dr. Peldschus, der mir in der Zeit der Vorbereitung der Verteidigung mit Rat und Tat zur Seite stand und an Herrn Prof. Dr. Pfeffel für die schnelle Erstellung seines konstruktiven Gutachtens.

Dankeschön an Christoph, Dago und Florian für moralische Unterstützung und (meistens) Zurückhaltung mit zynischen Kommentaren. Herta ein großes Dankeschön für aufmerksames Korrekturlesen mit dem messerscharfen Lehrerblick.

Vielen Dank an meine Frau Juliane für Geduld, Unterstützung und Kinderbetreuung während so mancher Korrekturschleife. Ich liebe Dich!

Vor allem möchte ich meinen Eltern danken, denen ich auch diese Arbeit widmen möchte, da sie mir immer alles ermöglicht haben.

Wetzlar, im Februar 2012 Andreas Palm

Kurzdarstellung

In den bisherigen empirischen Untersuchungen zu Mergers & Acquisitions (M&A) wurde festgestellt, dass nur ein kleiner Teil der jeweiligen Transaktionen von Erfolg gekrönt sind. Bei der Mehrzahl der Fusionen und Unternehmenskäufe wird kein positives Ergebnis erreicht. Trotz der bisher aus der Empirie abgeleiteten Erkenntnisse sind auch die jüngsten Transaktionen nicht deutlich erfolgreicher als früher. Immer noch scheitern Zusammenschlüsse und Übernahmen vor allem in der Integrationsphase.

Bisher wurde die Herausforderung beim Post Merger Management wissenschaftstheoretisch intensiv betrachtet und auch einige praxisrelevante Arbeiten sind inzwischen daraus hervorgegangen. Dennoch scheint die Integration von Unternehmenskulturen, insbesondere unter Nutzung eines ganzheitlichen Kommunikationskonzeptes, noch nicht optimal zu funktionieren. Anhand der andauernden Misserfolge von M&A wurde deutlich, dass eine theoretische und empirische Aufarbeitung dieses Themenbereiches inklusive der daraus resultierenden Praxisimplikationen sinnvoll ist.

Das theoretische Fundament der Arbeit beruht auf einer Auswertung der aktuellen wissenschaftlichen Literatur, insbesondere aus den Bereichen Mergers & Acquisitions, interkulturelle Kommunikationswissenschaften, Change Management und Wirtschaftskommunikation. Um eine ausreichende empirische Basis zu gewährleisten, wurden Untersuchungen zu Erfolg oder Misserfolg von Mergers & Acquisitions sowie zu den Gründen für diesen Misserfolg und Untersuchungen über Integrationsmanagement und die Bedeutung der „weichen" Faktoren in diesem Kontext, insbesondere Unternehmenskultur und Kommunikation, ausgewertet. Um einen weiteren Praxisbezug herzustellen, wurden aktuelle Fallstudien zum Thema „interkulturelle M&A" ausgewählt und ausgearbeitet.

Basierend auf der Empirie, insbesondere den eigenen Fallstudien, und der wissenschaftlichen Theorie zum Thema Post Merger Integration von Unternehmenskulturen nach interkulturellen Mergers & Acquisitions wurde ein pragmatisches Konzept entwickelt, um in einem interkulturellen Zusammenhang Unternehmenskulturen nach M&A zu integrieren. Dieses Konzept ist so aufgebaut, dass es zu den gängigen Gesamtintegrationsmodellen kompatibel ist und somit als passendes Modul für eine Integration von Unternehmenskulturen bei interkulturellen M&A dienen kann.

Inhaltsverzeichnis

Abkürzungsverzeichnis

Abb.	Abbildung
Aufl.	Auflage
bzw.	beziehungsweise
CEO	Chief Executive Officer
CDD	Cultural Due Diligence
d.h.	das heißt
f.	folgende
ff.	fortfolgende
HR	Human Resources
Hrsg.	Herausgeber
IG	Integrationsgestaltung
IM	Interkultureller Mediator
i.e.S.	im engen Sinne
i.w.S.	im weiten Sinne
J.V.	Joint Venture
M&A	Mergers & Acquisitions
Mio.	Millionen
O.V.	Ohne Verfasserangabe

PMI	Post Merger Integration
PMM	Post Merger Management
PR	Public Relations
S.	Seite
UK	Unternehmenskultur
Vgl.	vergleiche
Z.B.	zum Beispiel

„Wir wählen nur Firmen für eine Fusion aus, die von der Kultur her zu uns passen.“

(John Chambers, CEO Cisco Systems)

"Einander kennen lernen, heißt lernen, wie fremd man einander ist."

(Christian Morgenstern, deutscher Dichter)

1

Gegenstand der Untersuchung

1.1 Einleitung und Problemstellung

1.1.1 Ausgangslage

Am Phänomen der Mergers & Acquisitions (M&A) kommt man spätestens seit Anfang der 90er Jahre nicht mehr vorbei. Der Boom von Unternehmenszusammenschlüssen und -käufen, der zu dieser Zeit begann und auch nach der weltweiten Finanzkrise von 2007/08 wieder beginnt, ist absolut einzigartig in der bisherigen Wirtschaftsgeschichte. Im Rahmen der stetig weiter fortschreitenden Globalisierung kam es zu immer mehr und immer größeren Fusionen und Akquisitionen von Wirtschaftsunternehmen, sowohl in gleichen Industrien, wie auch über Branchen- und Ländergrenzen hinweg. Besonders diese interkulturellen Mergers & Acquisitions, sei es BMW-Rover, Daimler-Chrysler oder Vodafone-Mannesmann, haben in den letzten Jahren nicht nur an den Finanzmärkten, sondern auch in der breiten Öffentlichkeit, mit Schlagzeilen über Massenentlassungen oder hohe Abfindungen für Manager für Aufmerksamkeit gesorgt.

Dabei wurden häufig außergewöhnlich hohe Preise für Unternehmen oder Unternehmensanteile gezahlt, die mit den bisherigen Bewertungsmethoden kaum erklärbar waren. Viele der bisherigen Bewertungsmodelle zielten hauptsächlich auf materielle Werte der Unternehmen, die messbaren, „harten“ Faktoren. Immer wichtiger wurden aber im Rahmen dieser Betrachtung die so genannten „weichen“ Faktoren, die nicht konkret berechenbar sind. Dazu zählen das Wissen der Mitarbeiter, die Mitarbeiter selbst und die Unternehmenskultur. Diese Werte können jedoch nur nach einer erfolgreichen Integration der Unternehmensteile aktiviert werden.

Noch immer stellt die Integration von Strukturen, Prozessen und Kulturen nach der eigentlichen M&A-Transaktion die größte Herausforderung dar, an der Unternehmen bisher gescheitert sind und die wohl auch in Zukunft größere Probleme bereiten werden. In zahlreichen wissenschaftlichen Veröffentlichungen wird belegt, dass ein großer Teil der Unternehmenszusammenschlüsse misslingen; in bis zu 85% der untersuchten Fälle scheiterte das Vorhaben oder das Ergebnis erreichte nicht die gesteckten Ziele.[1] Scheitern Fusionen und Unternehmensübernahmen, so muss in diesem Zusammenhang natürlich mehreren Faktoren Rechnung getragen werden, die „weichen" Faktoren scheinen jedoch eine besondere Rolle zu spielen. Sie entscheiden häufig, ob Fusionen und Akquisitionen erfolgreich sind oder nicht.[2] Daher wird in der Literatur häufiger die Frage gestellt, welche Bedeutung etwa die Unternehmenskultur und deren Integration in der Post Merger Phase hat.[3] Zu Anfang dieser Arbeit soll zunächst einmal auf das Phänomen der interkulturellen Mergers & Acquisitions und die Gründe dafür eingegangen werden.

1.1.1.1 Das Phänomen der interkulturellen Mergers & Acquisitions

Betrachtet man die Entwicklung von Fusionen und Akquisitionen, zeigt sich, dass es immer wieder so genannte Merger-Wellen gegeben hat, wobei die Boom-Phase seit Beginn der 90er Jahre bisher ohne Beispiel ist, wie die folgende Abbildung zeigt.[4]

Die erste Welle dauerte von 1880 bis 1904. Insbesondere in den USA versuchten Unternehmen in dieser Zeit durch horizontale Integration eine Monopolstellung zu erreichen. Von 1925 bis 1930 wurde von den Unternehmen versucht, durch eine vertikale Integration die Kontrolle über den gesamten Produktionszyklus zu erreichen. Von 1930 bis 1935 fanden so genannte defensive Merger statt, bei denen durch Aufkauf und Schließung Wettbewerber auf der horizontalen Ebene ausgeschaltet wurden. Um 1955 und dann noch einmal 1965 bis 1973 kam es zur Konglomeratsbildung. Die konglome-

---

1 Vgl. Bieshaar et al. (2001); Jansen/Körner (2000) und die Aufzählung bei Strohmer (2001), S. 7f.

2 Vgl. Nölting (2000a), S. 154 und Stelter et al. (2000), S. 409.

3 Vgl. u.a. Jansen (1999); Schreier (2001); Schreiner et al. (2010); Steinle et al. (2010); Strähle (2003a/b) und Strohmer (2001).

4 Vgl. Müller-Stewens (2010), S. 14ff.

rale Integration verfolgte das Ziel der Economies of Scale and Scope. Dabei stand der Wille zur extremen Rationalisierung im Vordergrund und es kam zu den ersten feindlichen Übernahmeangeboten. Die dritte Merger-Welle (1965–1974) fand vorrangig in den USA statt und hatte zum Ziel, ein möglichst antizyklisches Portfolio zu bilden, in dem Unternehmen mit verschiedenen Produktlebenszyklen zusammengefasst wurden. Ab 1981 fand die vierte Welle statt. Insbesondere um Synergien zu verwirklichen, fanden strategische M&A-Transaktionen statt. Hinzu kamen ab 1985 Übernahmen und Fusionen als Finanztransaktionen, etwa im Rahmen eines Leveraged Buyout. Ab den 90er Jahren bis 2001 rollte die fünfte M&A-Welle. Globalisierung und Fokussierung auf den Shareholder Value führen zu Transaktionen in bisher unbekannten Größenordnungen. Hierbei war ein Rückgang der Finanztransaktionen und eine Konzentration durch horizontale Akquisition zu beobachten. In der sechsten Merger Welle, die nach dem Platzen der „New Economy Blase" 2001 begann und mit der Weltfinanzkrise 2007/2008 endete nahmen M&A Transaktionen wieder enorm zu.[5] Und heute, nachdem die schlimmsten Auswirkungen der Weltfinanzkrise überwunden scheinen, nimmt das Volumen von M&A wieder deutlich zu.

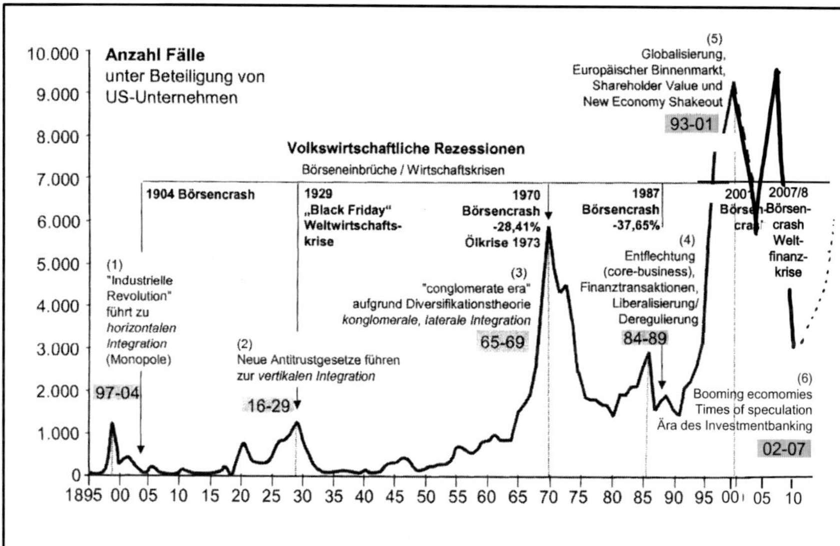

Quelle: Ergänzende eigene Darstellung (2010) nach Jansen (2001), S. 72.

Abbildung 1: Die Merger-Wellen

---

[5] Vgl. Palm (2004b), S. 3ff., Jansen (2001), S. 71 und Müller-Stewens (2010), S. 35.

Insbesondere im Verlauf der fünften und sechsten Merger-Wellen kam es weltweit zu einer großen Anzahl von Aufsehen erregenden interkulturellen Unternehmensfusionen und -übernahmen, welche die Unternehmen vor gewaltige Aufgaben beim Integrationsmanagement stellen. Das M&A Volumen von 1998 bis 2010 zeigt das nachfolgende Schaubild:

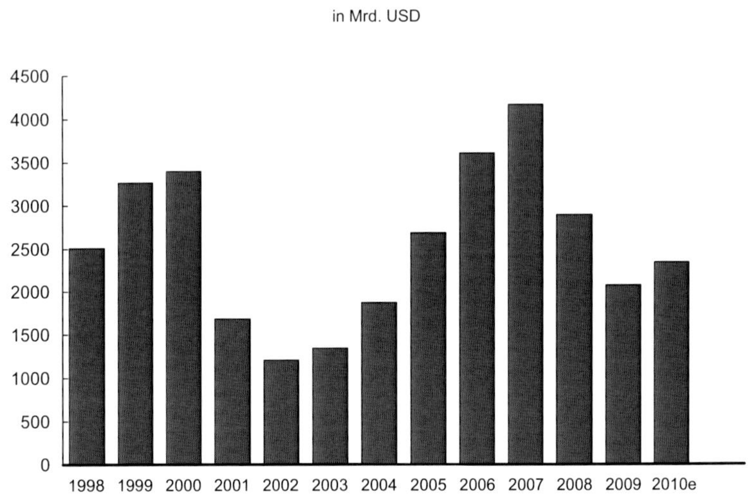

Quelle: SDC/Thomson Financial Data (2010)

Abbildung 2: Weltweites Volumen von Mergers & Acquisitions

Bevor später näher auf das Thema der Integration eingegangen wird, sollen im Folgenden kurz die aktuellen theoretischen Begründungen für die Durchführung von Mergers & Acquisitions dargestellt werden.

1.1.1.2 Gründe für M&A

In einer Untersuchung im kam die Wirtschaftsprüfungsgesellschaft KPMG zu dem Ergebnis, dass die Hauptgründe für M&A in dem Versuch der Unternehmen liegen, den Marktanteil zu erhöhen, den Shareholder Value zu maximieren und neue geographische

Märkte zu erschließen. Weitere Gründe lassen sich etwa bei HOPFMÜLLER/SCHIMMER finden:[6]

- Erschließung neuer geographischer Märkte
- Erhöhung des Marktanteils
- Maximierung des Shareholder Value
- Senkung der betrieblichen Kosten/Erreichen von Synergien
- Zugriff auf Management –Team oder fachliches Wissen
- Verringerung der Zahl der Wettbewerber
- Zugang zu neuen Produktlinien, Technologien oder Fertigungskapazitäten
- Zugang zu neuen Lieferanten

Quelle: Eigene Darstellung nach KPMG (2001), S. 16 und Hopfmüller/Schimmer (2010), S. 172ff.

Abbildung 3: Gründe für M&A

Diese Intentionen lassen sich grundsätzlich auf die stetig fortschreitende Globalisierung der vergangenen Jahre und das Erreichen von Synergien zurückführen, die in den nächsten Kapiteln erläutert werden.

1.1.1.2.1 Globalisierung und M&A

Als eine der meistgenannten Ursachen für die extreme Zunahme von M&A-Aktivitäten stellt sich die Globalisierung dar. Daher scheint an dieser Stelle ein näheres Eingehen auf dieses Phänomen gerechtfertigt. Historisch gesehen entwickelte sich Globalisierung aus einer stetigen Zunahme der Komplexität ökonomischer Prozesse. Ab dem 15. Jahrhundert gab es eine absatzbezogene Internationalisierung. Gegen Ende des 19. Jahrhunderts setzte eine Multinationalisierung ein, bei der es darum ging in anderen Märkten abzusetzen und zu produzieren. Etwa ab 1980 begann die Globalisierung mit einer sys-

---

6 Vgl. Hopfmüller/Schimmer (2010), S. 172ff. und KPMG (2001) S. 16.

tematische Präsenz in allen Märkten, mit allen Geschäftsbereichen, auch Forschung und Entwicklung und gezielten Allianzen und Bündnissen mit Wettbewerbern.[7]

Die folgende Definition für Globalisierung erscheint bezogen auf die aktuelle M&A-Welle besonders einleuchtend:

- "Globalisierung ist die weltweite Vernetzung ökonomischer Aktivitäten mit Wirkung auf Gesellschaft, Wirtschaft, Politik und Kultur. Dazu zählen neben der klassischen Form des Außenhandels auch Auslandsinvestition und -produktion, sowie die Kooperation mit ausländischen Unternehmen oder anderen Institutionen".[8]

Globalisierung hat viele Facetten, sie ist gleichzeitig ein Zustand und ein Prozess; dabei können Ursachen und Wirkungen aufgrund der Komplexität dieses Phänomens nicht immer genau unterschieden werden. Einige dieser Ursachen und Folgen sind:[9]

- Gesellschaftlich/politisch: Liberalisierung der Märkte, Demokratisierung, wachsende Bildung;
- Wirtschaftlich: gesättigte Märkte für Industrieprodukte, zunehmende Bedeutung von Dienstleistungen, Hersteller folgen den Abnehmern, Entstehen von strategischen Allianzen;
- Technologisch: neue Informations- und Kommunikationstechnologien sowie neue Verkehrstechniken entstehen.

Um im Zeitalter der Globalisierung bestehen zu können und am globalen Wachstum teil zu haben, müssen sich Unternehmen an M&A-Aktivitäten beteiligen. Ist ein Unternehmen in seinem Heimatmarkt an Wachstumsgrenzen angekommen, besteht die Gefahr, von einem großen globalen Unternehmen aus dem Markt verdrängt zu werden oder aber von diesem im Rahmen einer feindlichen Übernahme geschluckt zu werden. Die Angst hiervor kann zu einer Fusion führen. Dies ist nur ein Beispiel dafür, wie im Zeitalter der Globalisierung Fusionen und Akquisitionen immer wichtiger werden, um als Unternehmen im harten globalen Wettbewerb bestehen zu können.[10]

---

7 Vgl. Palm (2004a), S. 5ff., Palm (2005a), S. 85ff., Paqué, S. 3ff. und Bundesverband der deutschen Industrie e.V. (1997), S. 4f.

8 Bundesverband der deutschen Industrie e.V. (1997), S. 2f.

9 Vgl. u.a. Palm (2004c), S. 5ff., Paqué (1995), S. 3ff., Welzmüller (1997), S. 20ff. und Friedrichs (1997), S. 5ff..

10 Vgl. Strohmer (2001), S. 6.

1.1.1.2.2 Synergien und M&A

Das wohl am häufigsten genannte Motiv für eine Fusion oder eine Akquisition ist das Erzielen von Synergien. Der Begriff Synergie stammt aus dem griechischen und bedeutet „zusammen wirken". ARISTOTELES wird die Aussage zugeschrieben, „Das Ganze ist mehr als die Summe seiner Teile".[11] In diesem Zusammenhang findet man häufig die Formeln „2 + 2 = 5" oder „2 + 2 = 3". Die erste Formel bedeutet, dass durch den kombinierten Input der gemeinsam erreichte Output höher ist als das jeweils alleine erreichte. Mit „2 + 2 = 3" ist gemeint, dass durch eine Kombination von vorher getrennten Abläufen Kosten reduziert werden können.[12] In der Effizienztheorie geht es bei Fusionen und Akquisitionen darum, Economies of Scope und Economies of Scale zu erreichen. Economies of Scale bedeutet hierbei, dass die Stückkosten für ein Produkt sinken, wenn in der gleichen Zeit eine größere Menge hergestellt wird.[13] Diese Größenvorteile können dazu genutzt werden, durch größere Mengen im Einkauf niedrigere Preise zu erzielen oder durch eine Produktion von mehr Einheiten Kosten zu senken. Economies of Scope versuchen eine Beziehung zwischen Produktvielfalt und Wirtschaftlichkeit herzustellen. Hier ist die Breite des Produktspektrums ausschlaggebend. Ein Vorteil wäre z.B. bei einem Unternehmen, das mehrere Produkte herstellt, bei diesen Produkten die gleichen Faktoren in unterschiedlichen Bereichen und Prozessen einzusetzen, ohne dass dabei zusätzliche Kosten im jeweils entsprechenden Maße verursacht würden.[14]

In der Inefficient Management Hypothese wird davon ausgegangen, dass bestimmte Unternehmen ihre eigenen Ressourcen schlechter nutzen, als das Management einer anderen Firma. So kann ein Käufer-Unternehmen, das diese Potenziale aufspürt, nach einem Kauf Synergien realisieren. [15]

In der Marktmacht-Theorie wird durch einen Zusammenschluss eine Synergie solcher Art realisiert, dass eine Monopolstellung erreicht werden könnte. Dies würde zu potentiell höheren Preisen und Gewinnen führen. Parallel kommt es aber bereits auf dem Weg zur Monopolstellung zu einer Reduktion von Konkurrenten.[16] Die Steuertheorie geht davon aus, dass bei einer Fusion oder Übernahme Synergien in Form von Steuer-

---

11 Aristoteles, Metaphysik, 1041 b 10 (VII. Buch (Z)).
12 Vgl. Albrecht (1994), S. 5ff. und Wittwer (1995), S.13.
13 Vgl. Porter (1992), S. 29ff.
14 Vgl. Jansen (2001), S. 75.
15 Vgl. Albrecht (1994), S. 9.
16 Für eine detaillierte Diskussion der Monopol-Hypothese siehe Jansen (2001), S. 72ff.

vorteilen oder Steuereinsparungen realisiert werden können. Dies beinhaltet vor allem Abschreibungsmöglichkeiten und das Übernehmen eines Verlustvortrages.[17]

An dieser Stelle sollte noch erwähnt werden, dass es im Rahmen von M&A-Transaktionen natürlich auch zu negativen Synergieeffekten kommen kann. Im Rahmen einer Reorganisation kann es zu erhöhten Koordinationskosten oder Reibungsverlusten kommen. Hohe Restrukturierungskosten, der Verlust von Kunden und Mitarbeitern, ein unerfahrenes Management sowie insbesondere Fehler im Rahmen des Integrationsmanagements können weitere negative Synergien schaffen.[18] Auf dieses Scheitern von M&A-Transaktionen wird im nächsten Abschnitt näher eingegangen.

1.1.1.2.3 Scheitern von M&A-Transaktionen

Aktuelle empirische Studien zeigen, dass die meisten M&A-Transaktionen wenig erfolgreich sind. Dabei wird Misserfolg unterschiedlich definiert, etwa durch Null-Wachstum, unterdurchschnittlicher Aktienkursentwicklung gegenüber Industriebenchmarks oder keinerlei Steigerung des Unternehmenswertes.

Die Wirtschaftsprüfungsgesellschaft KPMG kam in einer Untersuchung im Jahre 2001 zu dem Ergebnis, dass 70% der betrachteten M&A-Transaktionen zu keiner Steigerung des Unternehmenswertes führten. Ähnliches stellen auch SCHREINER ET AL. 2010 fest.[19]

Zu einem ähnlichen Ergebnis kam auch eine Studie der Unternehmensberatung A.T. Kearney: 58% der untersuchten Transaktionen nicht zur Steigerung des Unternehmenswertes beigetragen haben.[20]

Das Institut für Mergers & Acquisitions der Universität Witten/Herdecke hat in einer Untersuchung von 103 Unternehmenszusammenschlüssen mit deutscher Beteiligung festgestellt, dass lediglich 24% der betrachteten börsennotierten Unternehmen nach einer M&A-Transaktion ihren Börsenwert im Vergleich zum jeweiligen Industriebenchmark steigern konnten, nur 44% der Unternehmen konnten eine relative Umsatzsteigerung im Vergleich zur Branche erreichen.[21]

---

17 Vgl. Jansen (2001), S. 77.
18 Vgl. etwa Ossadnik (1995), S. 8 und Jansen/Körner (2000), S. 12ff.
19 Vgl. KPMG (2001) S. 11 und Schreiner et al. (2010), S. 291f.
20 Vgl. Habeck et al. (2002), S. 13.
21 Vgl. Jansen (2000), S. 336; Jansen (2001), S. 241ff. und Jansen/Körner (2000).

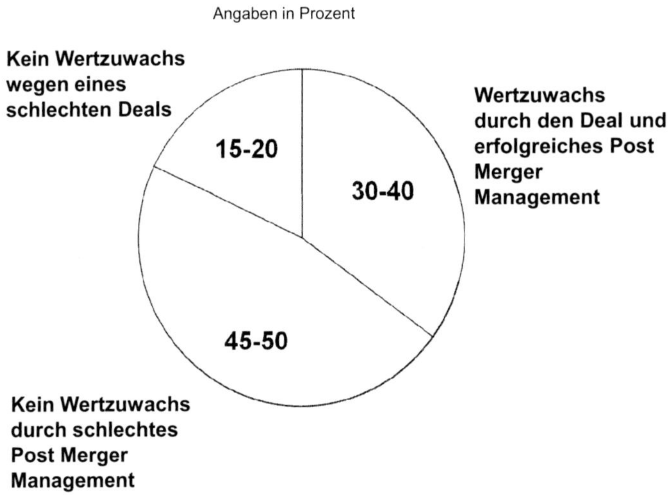

Quelle: Nach Schreiner et al. (2010), S. 291.

Abbildung 4: Erfolgsbewertung von M&A

JANSEN schätzt aufgrund zahlreicher Untersuchungen, etwa der Managementberatungen Arthur D. Little, Booz.Allen & Hamilton, McKinsey und Mercer, die branchenübergreifende Misserfolgsquote auf etwa 60%. In speziellen Branchen, etwa im Bereich der Finanzdienstleister, liegt die Misserfolgsquote noch deutlich über diesem Durchschnitt.[22]

Der nächste Schritt, die Suche nach den Gründen für die Misserfolge von Fusionen und Akquisitionen, stellt sich als deutlich komplexer dar. Die vielfältigen und vielschichtigen Gründe für das Scheitern sind häufig relativ schwer aufzuarbeiten. JANSEN etwa fasst die Gründe für Misserfolge in drei Hauptbereichen zusammen:[23]

1. Überoptimistische Einschätzung der Situation
- Überschätzung der Synergiepotentiale,
- Überhöhter Kaufpreis.

2. Unzureichender Planungsprozess
- Unzureichende Markt- und Unternehmensanalysen,

---

[22] Vgl. Jansen (1999), S. K 3, Jansen (2001), S. 240 und Schreiner et al. (2010), S. 290f.

[23] Vgl. Jansen (2001), S. 241.

- Fehlende Vorbereitung und Planung der einzelnen Phasen einer Akquisition,
- Keine Koordination der Teilpläne mit der Konzernstrategie.

3. Personelle, kulturelle und organisatorische Integrationsprobleme
- Unterschätzung der personellen Probleme,
- Fehlende Integrationsplanung,
- Nichtberücksichtigung der unterschiedlichen Kulturen sowie Kommunikations- und Entscheidungsverhalten.

Weiterhin werden in der einschlägigen Literatur die folgenden Hemmnisse für den Erfolg von M&A-Transaktionen genannt:

- Der Mangel an einer klaren Vision über das Ziel der Transaktionen,[24]
- Das Fehlen einer klaren Strategie und deutlicher Prioritäten für den gesamten M&A-Prozess inklusive der Transaktions- und Integrationsphase,[25]
- Ein fehlendes aktives Risikomanagement, um potentielle Hindernisse vorauszusehen und beheben zu können,[26]
- Nicht rechtzeitige Festlegung der neuen Hierarchieebenen und Führungsverantwortungen im neu gestalteten Unternehmen,[27]
- Mangelnder Blick des Managements für Wachstumspotentiale, da diese aufgrund einer Fokussierung auf Kostensynergien vernachlässigt werden,[28]
- Eine zu langsame Durchführung des M&A-Prozesses.[29]
- Fokussierung auf möglichst schnelle und kurzfristige Gewinne,[30]
- Mangelnde oder fehlerhafte Kommunikation während des gesamten Prozesses,[31]
- Unterschätzen der Faktoren Unternehmens- und Landeskultur als potentielle Hemmnisse für eine erfolgreiche Integration.[32]

---

[24] Vgl. Habeck et al. (2002), S. 21.
[25] Vgl. Feldmann/Spratt (2000), S. 21.
[26] Vgl. Habeck et al. (2002), S. 23 und Palm (2005c), S. 22ff.
[27] Vgl. Feldmann/Spratt (2000), S. 22f. und Grube/Töpfer (2002), S. 47.
[28] Vgl. Habeck et al. (2002), S. 22.
[29] Vgl. Grube/Töpfer (2002), S. 50.
[30] Vgl. Habeck et al. (2002), S. 22.
[31] Vgl. Feldmann/Spratt (2002), S. 21f.
[32] Vgl. Feldmann/Spratt (2000), S. 23f und Habeck et al. (2002), S. 22.

Insbesondere die letzten beiden Punkte sollen auf Basis der Argumentation im nachfolgenden Kapitel im Rahmen dieser Arbeit beleuchtet werden.

1.1.2 Forschungsfragen und Hypothesen

Wie bereits dargestellt, brachte ein Großteil der untersuchten M&A-Aktivitäten nicht den gewünschten Erfolg. Trotz der Möglichkeiten im Rahmen der Globalisierung und der gewünschten und erwarteten Synergieeffekte kam es häufig zu Misserfolgen. Die Ursachen für dieses Scheitern sind weitläufig untersucht worden.[33]

Die vorliegende Arbeit geht von der Hypothese aus, dass die so genannten „weichen" Faktoren, insbesondere die Unternehmenskulturen beim Scheitern von interkulturellen M&A-Transaktionen eine große und damit entscheidende Rolle gespielt haben. Durch eine erhöhte Aufmerksamkeit für diese „weichen" Faktoren könnte die Integrationsphase deutlich erfolgreicher gestaltet werden. Unter dieser Prämisse soll ein praxistaugliches Konzept zur erfolgreichen Integration von Unternehmenskulturen nach einer Fusion oder Akquisition entwickelt werden.

Des Weiteren soll der Frage nachgegangen werden, welche Bedeutung eine ganzheitliche Kommunikationsstrategie für einen erfolgreichen Integrationsprozess nach einer interkulturellen M&A-Transaktion hat. Ausgehend von der Annahme, dass Kommunikation ein entscheidender Faktor im Rahmen der Post Merger Integration ist, bisher aber nicht als detaillierte Vorlage erarbeitet wurde, soll ein solcher abgestimmter Kommunikationsplan als ein weiteres Ergebnis dieser Arbeit entwickelt werden, um den Verantwortlichen in der Integrationsphase ein praxistaugliches Werkzeug an die Hand zu geben.

Die Hypothesen sollen anhand von bestehenden Studien, empirischen Analysen, insbesondere eigenen Fallstudien zum Management der Integration von Unternehmenskulturen untersucht und auf dieser Basis dann die jeweiligen Konzepte und Strategien entwickelt werden.

1.2 Motivation und Forschungsschwerpunkt

In den bisherigen empirischen Untersuchungen zu Mergers & Acquisitions wurde festgestellt, dass nur ein kleiner Teil der jeweiligen Transaktionen von Erfolg gekrönt sind. Bei der Mehrzahl der Fusionen und Unternehmenskäufe wird kein positives Ergebnis

33 Vgl. etwa Hartmann (2002), S. 95–104.

erreicht. Trotz der bisher aus der Empirie abgeleiteten Erkenntnisse sind auch die jüngsten Transaktionen nicht deutlich erfolgreicher als früher. Immer noch scheitern Zusammenschlüsse und Übernahmen vor allem in der Integrationsphase.

Die Motivation zu dieser Arbeit entsteht aus dem Wunsch, ein praxistaugliches Werkzeug zum Einsatz in einer interkulturellen Integrationsphase zu erarbeiten. Dies soll im Spannungsfeld zwischen Betriebswirtschaftslehre und Sozial- bzw. Kommunikationswissenschaften geschehen. Besonders berücksichtigt sollen hierbei die so genannten „weichen" Faktoren werden, die zwar in jüngsten Veröffentlichungen behandelt, jedoch häufig nicht praxisrelevant übersetzt wurden. So soll auf einer fundierten theoretischen Basis ein Konzept entwickelt werden, um die Integration von Unternehmenskulturen besser gelingen zu lassen. Weiterhin soll im Rahmen eines erfolgsoptimierenden Integrationskonzeptes eine Vorlage für eine ganzheitliche Kommunikationsstrategie erarbeitet werden, die auf Basis der Eingangshypothese einen entscheidenden Beitrag zu einer erfolgreichen M&A-Transaktion in einem interkulturellen Kontext leisten kann. Das Integrationskonzept und die Kommunikationsstrategie sollen konkrete Handlungsanleitungen anbieten und die jeweiligen Teilschritte praxisorientiert darstellen.

Da eine Dissertation einen neuwertigen Beitrag zur wissenschaftlichen Forschung leisten soll, galt es, im Themenbereich Mergers & Acquisitions einen Teilbereich zu finden, der in den vielfältigen Veröffentlichungen zu diesem Thema noch nicht abgedeckt war. Bisher wurden die Herausforderung beim Post Merger Management wissenschaftstheoretisch intensiv betrachtet und auch einige praxisrelevante Arbeiten sind inzwischen daraus hervorgegangen. Dennoch scheint die Integration von Unternehmenskulturen, insbesondere unter Nutzung eines ganzheitlichen Kommunikationskonzeptes, noch nicht optimal zu funktionieren. Anhand der andauernden Misserfolge von M&A wird deutlich, dass eine theoretische Aufarbeitung dieses Themenbereiches inklusive der daraus resultierenden Praxisimplikationen als sinnvoll erscheint.

Im Rahmen eines solchen Integrationskonzeptes und der passenden Kommunikationsstrategie sollte berücksichtigt werden, dass es schwierig ist, nur eine allgemein gültige Vorgehensweise für alle Unternehmen und Transaktionen festzulegen. Gleichwohl wird der Versuch unternommen, sehr praxisbezogen eine Übersicht über die in jedem Fall abzudeckenden Themenbereiche und Vorgehensweisen zu geben. Indem ein Ansatz zur Integration interkulturellen M&A-Transaktionen mit dem Fokus auf eine Integration von Unternehmenskulturen und der dazu notwendigen ganzheitlichen Kommunikationsstrategie auf einen aktuellen theoretischen Basis erarbeitet wird, kann diese Arbeit einen sinnvollen Beitrag zur wissenschaftlichen Forschung leisten und gleichzeitig dem Anspruch nach größtmöglicher Praxisrelevanz genügen.

1.3 Konzeption, Methoden und Vorgehensweise

1.3.1 Informationsbasis

An dieser Stelle soll kurz erläutert werden, welche Quellen als Basis für diese Arbeit herangezogen wurden.

1. Das theoretische Fundament beruht auf einer Auswertung der aktuellen wissenschaftlichen Literatur, insbesondere aus den Bereichen Mergers & Acquisitions, interkulturelle Kommunikationswissenschaften, Change Management und Wirtschaftskommunikation.

2. Um eine ausreichende empirische Basis zu gewährleisten, wurden Untersuchungen zu Erfolg oder Misserfolg von Mergers & Acquisitions sowie zu den Gründen für diesen Misserfolg und Untersuchungen über Integrationsmanagement und die Bedeutung der „weichen“ Faktoren in diesem Kontext, insbesondere Unternehmenskultur und Kommunikation, ausgewertet.

3. Um einen weiteren Praxisbezug herzustellen, wurden aktuelle Fallstudien zum Thema „interkulturelle M&A“ ausgewählt und ausgearbeitet. Dies geschah durch:
   - Auswertung bereits existierender Literatur und öffentlicher Quellen,
   - Auswertung von unternehmensinternen Informationen, wie Integrationspläne; Präsentationen und Geschäftsberichten,
   - Qualitative, offene Interviews in den Unternehmen,
   - und die Auswertung von strukturierten Mitarbeiterbefragungen in den Unternehmen.

1.3.2 Aufbau der Arbeit

Im Folgenden soll ein kurzer Überblick über den Aufbau der Arbeit, der einzelnen Teile sowie deren Inhalte gegeben werden.

Im ersten Teil der Arbeit wird das Phänomen globaler, länderübergreifender Mergers & Acquisitions untersucht und beschrieben. Gründe für die in den letzten Jahren stark zugenommenen M&A-Aktivitäten wie Globalisierung und die Suche nach Synergien werden beleuchtet und gleichzeitig das Scheitern vieler Transaktionen analysiert. Die Frage nach Gründen für das Scheitern wird mit der Hypothese beantwortet, dass die so genannten „weichen Faktoren“, insbesondere die jeweiligen Unternehmenskulturen der Beteiligten nicht ausreichend berücksichtigt wurden und dass eine abgestimmte

Kommunikationsstrategie die Erfolgsaussichten weiter verbessern könnte. Anschließend werden für die Untersuchung des Themenkomplexes wichtige Begriffe definiert und abgegrenzt.

Der zweite Teil der Arbeit stellt den aktuellen Stand der Forschung zum Thema Post-Merger-Integration im Allgemeinen sowie Integration von Unternehmenskulturen im Besonderen dar. Diese Ansätze werden kritisch gewürdigt, und die Bedeutung von Unternehmenskultur- und Kommunikationsstrategien als Erfolgsfaktoren für die Integrationsphase in den jeweiligen Ansätzen herausgearbeitet. Weiterhin folgt ein Exkurs zum Thema Cultural Due Diligence.

Im dritten Teil der Arbeit wird ein Überblick über die aktuellen relevanten empirischen Studien zum Thema „Integration und Integrationsgestaltung nach M&A" gegeben und im Rahmen von Fallstudien das Vorgehen bei der Integration von Unternehmenskulturen und angewandte Kommunikationskonzepte in einem interkulturellen Kontext untersucht. Dabei werden die Fusion von Daimler Benz AG und Chrysler Corporation sowie zwei Akquisitionen eines europäischen Stahlunternehmens betrachtet. Die Basis hierfür bilden Veröffentlichungen, Unterlagen der Unternehmen sowie im zweiten Fall Interviews mit den jeweiligen Integrationsteams und eine Mitarbeiterbefragung vor Beginn des Integrationsprozesses. Im Fokus stehen auch hier Unternehmenskulturen und Kommunikationsstrategie.

Auf Grundlage des theoretischen Fundamentes und der Empirie, insbesondere der eigenen Fallstudien, wird im vierten Teil der Arbeit ein Konzept zur erfolgreichen interkulturellen Post Merger Integration von Unternehmenskulturen, sowie eine für diesen Prozess und die gesamte interkulturelle Integration zielführende ganzheitliche Kommunikationsstrategie entwickelt.

Am Ende der Arbeit wird ein Fazit gezogen, eine kritische Würdigung der Arbeit vorgenommen und ein Ausblick auf das zukünftige Integrationsmanagement nach interkulturellen Mergers & Acquisitions gegeben.

1.4 Begriffsdefinitionen und -abgrenzungen

Um eine Eindeutigkeit von getroffenen Aussagen sicher zu stellen, werden an dieser Stelle die für diese Arbeit relevanten Begriffe klar definiert und abgegrenzt, da es in der Praxis häufig eine uneinheitliche Verwendung, etwa des M&A-Begriffs gibt.

1.4.1 Mergers & Acquisitions

Der aus dem angloamerikanischen kommende Begriff Mergers & Acquisitions bildet in der Literatur den Oberbegriff für alle Transaktionen, bei denen es um einen Übertragung der Eigentumsrechte und den Transfer von Leistungs- und Kontrollbefugnisse an Unternehmen geht. Dabei beinhaltet das amerikanische Verständnis von M&A vier verschiedene Teilbereiche mit jeweils weiteren Unterteilungen:[34]

1. Expansion
   - Mergers beinhalten horizontale, vertikale oder konglomerate Fusionen,
   - Tender Offers sind direkt an die Aktionäre gerichtete monetäre Angebote,
   - Joint Ventures, dass zwei oder mehr Parteien in einem bestimmten Bereich zeitlich begrenzt zusammen arbeiten.

2. Sell-offs
   - Spin-offs sind Ausgliederungen von Unternehmensbereichen, die rechtlich selbstständig, aber im Besitz des Mutterunternehmens, bleiben,
   - Devestitures bedeutet einen Verkauf von Unternehmensanteilen.

3. Corporate Control
   - Premium Buybacks beschreiben das Zurückkaufen von größeren Aktienpaketen, wobei an die Aktionäre ein oberhalb des eigentlichen Marktpreises liegender Preis bezahlt wird,
   - Standsstill Agreements beschreiben freiwillige Verträge, in denen entweder große Aktionäre zusagen, keine Erhöhung ihrer Anteile anzustreben oder die ausgekauften Aktionäre zusagen, keine weiteren Investitionen in die Firma vorzunehmen,
   - Antitakeover Amendments sind Maßnahmen, die eine Übernahme schwieriger oder teurer machen,
   - Proxy Contests sind Übernahmeversuche der Vorstandspositionen auf Hauptversammlungen, die direkt gegen das alte Management gerichtet sind.

4. Changes in Ownership Structure
   - Exchange Offers beschreiben eine Veränderung der Kapitalstruktur durch den Austausch von Schulden oder Vorzugsaktien,
   - Share Repurchase ist das Konzept des Rückkaufs von eigenen Aktien,

---

[34] Vgl. Jansen (2001), S. 45.

- Going Private beinhaltet, wenn eine Investorengruppe das Eigenkapital einer staatlichen Unternehmung kauft,
- Leveraged Buyouts geschehen, wenn eine kleine Eigentümergruppe breit gestreuten Aktienbesitz mit Hilfe eines hohen Fremdfinanzierungsanteils auf sich konzentriert.

Es wird deutlich, dass der M&A-Begriff im angloamerikanischen Sprachgebrauch weit gefächerte Teilbereiche besitzt. In Deutschland begann man sich erst zu Beginn der 80er Jahre mit einer wissenschaftlichen Definition des Begriffes zu beschäftigen. Immer noch wird in der Literatur die Unterscheidung zwischen Merger (im Deutschen: Fusion oder Zusammenschluss) und Acquisition (im Deutschen: Übernahme, Erwerb, Kauf als 100%iger Erwerb der Anteile) unterschiedlich gehandhabt.[35] Eine Unterscheidung wird laut JANSEN häufig anhand der rechtlichen Selbstständigkeit der Akteure vorgeschlagen, wobei bei einer Akquisition die rechtliche Selbstständigkeit erhalten bleibt, während bei einer Fusion durch die erforderliche Neugründung die Rechtspersönlichkeit beider Gesellschaften verloren gehe.[36]

Im Rahmen dieser Arbeit sollen Fusionen und Übernahmen betrachtet werden, wenn diese zu einer Integration von Unternehmenskulturen nach der Transaktion führen. Das folgende Schaubild stellt die Fokussierung des M&A-Begriffs im Rahmen dieser Arbeit dar:

[35] Die Vielfalt der in der deutschsprachigen Literatur häufig synonym verwendeten Begriffe umfasst dabei das Spektrum von Unternehmenszusammenschluss, -kauf, -akquisition, -beteiligung, -kooperation, Fusion, Übernahme bis hin zum englischen Begriff Mergers & Acquisitions, der wiederum im englischen Sprachgebrauch synonym für eine ganze Reihe von Transaktionen steht. Zur Abgrenzung des Begriffs vgl. Bamberger (1994), S. 3ff.; Büttgenbach (2000), S. 12ff.; Gerpott (1993a), S. 36ff.; Hase (1996), S. 10ff. und Jansen (2001), S. 43f. Für den englische Sprachraum vgl. Gaughan 1999, S. 7 und Jansen (2001), S. 45f.

[36] Vgl. Jansen (2001), S. 44.

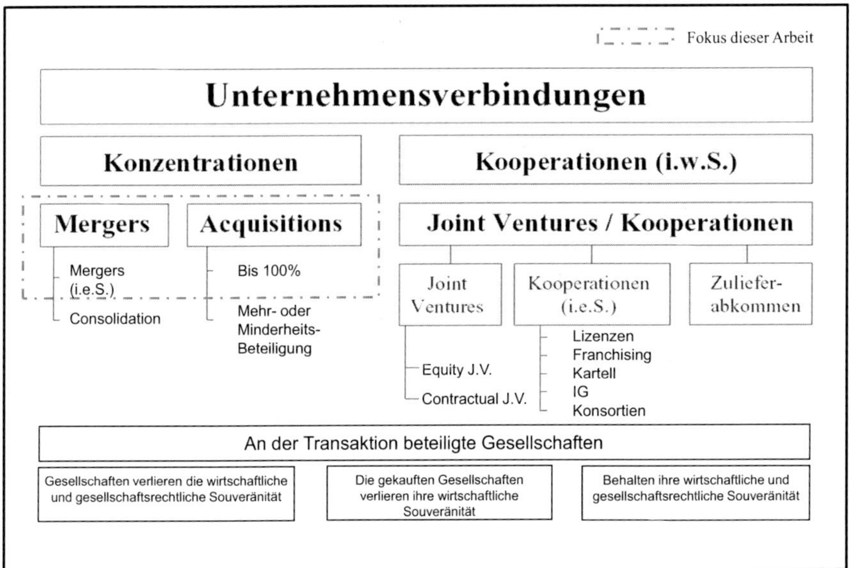

Quelle: Nach o. V. (2004).

Abbildung 5: Übersicht M&A Bereiche

1.4.2 Die drei Phasen der M&A

M&A-Transaktionen nach der oben vorgenommenen Begriffsabgrenzungen laufen in der Regel im Rahmen von drei idealtypischen Phasen ab. Diese sind:[37]

- Strategische Analyse und Konzeptionsphase,
- Transaktionsphase,
- Integrationsphase.

In dieser Arbeit wird insbesondere das Integrationsmanagement während der Post-Merger-Phase betrachtet. Dennoch werden hier zum allgemeinen Verständnis alle drei Phasen übersichtsartig dargestellt.

In Phase eins findet zunächst eine detaillierte Analyse des eigenen Unternehmens statt. Dabei sollten die Unternehmensziele und Potenziale klar definiert sowie zusammen mit einer Analyse der ökonomischen Möglichkeiten und eventueller Lücken in einer

[37] Vgl. Jansen (2001), S. 164.

strategischen Bilanz zusammengefasst werden. Nach der Formulierung einer klaren Strategie findet eine Wettbewerbs- und Akquisitionsumfeldanalyse statt. Diese besteht aus einer Umweltanalyse und -prognose sowie einer Länder-, Märkte- und Geschäftsfelder umfassende Analyse des Akquisitionsumfeldes. Zum Ende von Phase 1 wird eine Akquisitionsstrategie festgelegt, indem Motive und Zielsetzungen geklärt, die Möglichkeiten einer Allianz bzw. einer Akquisition untersucht und Akquisitionskriterien festgelegt werden. Die Akquisitionsstrategie sollte klare zeitliche Ziele und Verantwortlichkeiten enthalten.[38]

Zu Anfang der Transaktionsphase findet zunächst die Kontakt- bzw. Verhandlungsaufnahme und der Beginn des Bietungsverfahrens statt. Im Rahmen einer Vorauswahl (Strategic Screening) werden potenzielle Ziele ausgewählt. Meist geschieht dies mit Hilfe von externen Dienstleistern wie Unternehmensberatung, Maklern, Wirtschaftsprüfern und Investmentbanken. Mit Hilfe der Dienstleister werden erste Kontakte geknüpft und nach einer Erstsondierung folgen Verhandlungsaufnahme und Bietungsverfahren bei den ausgewählten Akquisitionszielen. Im nächsten Schritt der zweiten Phase erfolgt eine Bewertung des Unternehmens, die Kaufpreisfindung sowie die Planung der Finanzierung. Dazu stellt das Akquisitionsobjekt in einem so genannten Data Room alle Informationen zur Verfügung, die der potenzielle Käufer zu Erstellung einer Zukunftsplanung über die Finanzen und eine daraus resultierende Unternehmensbewertung sowie zur Ermittlung eines Kaufpreises benötigt.[39] Weiterhin werden auch mit Hilfe von externen Beratern verschiedene Finanzierungsszenarien durchgespielt und gegeneinander abgewogen. Schließlich folgen zum Ende der Transaktionsphase die unterschiedlichen Vertragsphasen und die wettbewerbsrechtliche Prüfung. Von besonderer Bedeutung zu diesem Zeitpunkt ist die Durchführung einer Due Diligence (im Deutschen: erforderliche Sorgfalt, Kaufprüfung) des Käufers beim Akquisitionsziel. Im Rahmen dieser Due Diligence folgt eine gründliche Prüfung des zu kaufenden Unternehmens. Es werden alle wirtschaftlichen, bilanziellen, rechtlichen, personalbezogenen und steuerlichen Themenbereiche abgedeckt, um alle wichtigen Informationen zu erhalten und zu bewerten, Risiken einzuschätzen und evtl. ins Vertragswerk aufzunehmen sowie eine Dokumentation über die Informationsverfügbarkeit zum Zeitpunkt des Kaufes zu erstellen.[40] Des Weiteren kommt es immer häufiger zu einer kulturellen Due Diligence, bei der die Unternehmenskultur des Akquisitionsobjektes untersucht wird und der Versuch unternommen wird, einen Cultural Fit festzustellen. Auf diese Form der Due Diligence wird zu einem späteren Zeitpunkt noch detaillierter eingegangen.

---

[38] Vgl. Jansen (2001), S. 164ff.

[39] Für eine detaillierte Diskussion der Methoden zur Unternehmensbewertung und Kaufpreisermittlung siehe Jansen (2001), S. 188ff.

[40] Vgl. Jansen (2001), S. 177ff.

Die darauf folgende dritte Phase ist die Integrationsphase. JANSEN sieht in dieser Phase das Integrationsmanagement, die Integrationsmaßnahmen und die Erfolgskontrolle angesiedelt. Dabei soll zuerst der Integrationsprozess geplant, eine Potenzialanalyse vorgenommen und auf die Strategie abgestimmte Integrationsverbote und -notwendigkeiten festgelegt werden. Im nächsten Schritt folgt die organisatorische, strategische, administrative, operative und kulturelle Integration. Am Ende der dritten Phase schlägt JANSEN vor, einen Post Merger Audit durchzuführen, bei der im Sinne eines Erfolgscontrollings Zielerreichungen kontrolliert und bei Misserfolgen eine Ursachenanalyse durchgeführt wird.[41]

1.4.3 Erfolgsfaktoren bei Mergers & Acquisitions

In der aktuellen wissenschaftlichen Literatur zum Thema M&A hat sich eine Unterteilung in „harte" und „weiche" Erfolgsfaktoren bei einer Integration eingebürgert. Diese Erfolgsfaktoren sollen im Folgenden beschrieben und kritisch diskutiert werden.

1.4.3.1 „Harte" Faktoren

Die objektiv quantifizierbaren und direkt erfassbaren Einflussgrößen bezeichnet man als „harte" Faktoren. Die im M&A-Kontext bedeutendsten werden hier im Folgenden aufgeführt und kurz erläutert.

1.4.3.1.1 Strategie

Eine „strategische Harmonie der Partner", d.h. ein grundsätzliches strategisches Zusammenpassen bezogen auf Produkte, Märkte, Positionierung und Gesamtstrategie der Unternehmen, wird von GRUBE/TÖPFER als Basis für eine erfolgreiche Fusion oder Integration gesehen.[42] Eine klar definierte Strategie für das neu zu schaffende Unternehmen ist somit entscheidend um sicherzustellen, dass Synergien realisierbar sind.

1.4.3.1.2 Kosten

Den aus einer M&A-Transaktion resultierenden hohen Kostenaufwand zu managen, ist ein weiterer Erfolgsfaktor. Während aller Phasen des Prozesses, insbesondere jedoch während der Integration, findet eine erhebliche Ressourcenbindung statt. Wichtig ist insbesondere im Hinblick auf die zu erwartenden Synergien den finanziellen Aufwand in

---

41 Vgl. Jansen (2001), S. 227ff.

42 Grube/Töpfer (2002), S. 55.

einem Rahmen zu halten, der die Transaktion immer noch lohnend für das Unternehmen macht.[43]

1.4.3.1.3 Geschwindigkeit

Um die mit einem Merger einhergehenden Unsicherheiten und Instabilitäten auf einen möglichst kurzen Zeitraum zu beschränken, sollte die Transaktion so schnell wie möglich ablaufen. Dabei sollte Geschwindigkeit vor detaillierter Planung gehen. GRUBE/TÖPFER schlagen hierfür ein Vorgehen nach dem Pareto-Prinzip vor, wobei 80% der anfallenden Aufgaben möglichst schnell realisiert werden sollten.[44] JANSEN/KÖRNER finden in einer Studie allerdings keinen Zusammenhang zwischen Integrationsgeschwindigkeit und Erfolg einer Fusion. Nicht unbedingt das Tempo einer Integration sondern die effektive Nutzung der zur Verfügung stehenden Zeit und das schnelle Treffen von Entscheidungen etwa über die neue Führungsstruktur und Kommunikation seien wichtig.[45] Ein gutes Timing und eine effiziente Zeitnutzung scheinen somit unter dem Stichwort Geschwindigkeit von Bedeutung.

1.4.3.2 „Weiche" Faktoren

Der Begriff der so genannten „weichen" Faktoren lässt sich auf das 7-S-Modell von PETERS/WATERMANN zurückführen.[46] Obwohl nicht objektiv quantifizierbar und nicht buchhalterisch zu erfassen, spielen sie gerade im M&A-Zusammenhang eine große Rolle. Dabei vereinen die subjektiven weichen Faktoren emotionale, kognitive und konative Bestandteile Die bedeutendsten weichen Erfolgsfaktoren für eine Post Merger Integration werden an dieser Stelle aufgeführt. Insbesondere den beiden Punkten kulturelle Integration und Kommunikation soll im Verlauf dieser Arbeit besondere Aufmerksamkeit gewidmet werden.

1.4.3.2.1 Vision

Eine klar definierte Vision für das aus dem Integrationsprozess entstehende Unternehmen ist unerlässlich für den Erfolg. Die Vision sollte ein klares Ziel vorgeben und als Leitbild für das zukünftige Handeln aller Mitarbeiter dienen.[47] Dabei sollte diese glaub-

---

43 Vgl. Lehnus (2000), S. 26; Pritchatt (1985), S. 103.
44 Vgl. KPMG (2001), S. 11; Grube/Töpfer (2002), S. 57.
45 Vgl. Jansen/Körner (2000), S. 16.
46 Vgl. Peters/Watermann (1993).
47 Vgl. Hohmann/Riediger (2000), S. 14.

würdig und klar formuliert sein und möglichst alle Prozessbeteiligten in der Definitionsphase einbeziehen.[48]

1.4.3.2.2 Vermeidung von Widerstand und Unsicherheiten

Die mit dem Integrationsprozess nach einer Fusion und Akquisition einhergehenden Veränderungen können unter den Mitarbeitern der Unternehmen zum so genannten „Merger-Syndrom“ führen.[49] Die Vermeidung des Merger-Syndroms und des damit häufig einhergehenden Widerstandes gegen die Integration in Reihen der Mitarbeiter ist unerlässlich für den Erfolg eines Zusammenschlusses.

1.4.3.2.3 Management kultureller Unterschiede

Ganz entscheidend für den Erfolg einer Integration ist das Management der jeweiligen kulturellen Unterschiede, um Integrationsprobleme zu vermeiden.[50] Die letztendliche Bedeutung dieses Faktors steht im Zentrum der wissenschaftlichen Diskussion um die Bedeutung weicher Faktoren und soll auch im Verlauf dieser Arbeit näher betrachtet werden.[51]

1.4.3.2.4 Kommunikation

Der letzte hier aufgeführte weiche Faktor, der einen erheblichen Einfluss auf das Gelingen einer Fusion und Akquisition hat und auch im Verlauf dieser Arbeit noch einen wichtigen Platz einnimmt, ist eine effektive Kommunikation. Werden hier Fehler gemacht, können insbesondere in einem interkulturellen Kontext große Unsicherheiten auftreten.[52]

1.4.3.3 Sinnhaftigkeit einer Trennung in „harte“ und „weiche“ Faktoren

Gegen das betriebswirtschaftliche Kategorisierungsmuster der Differenzierung in „harte“ und „weiche“ Faktoren spricht sich BOLTEN aus.[53] Diese keineswegs wertneutrale Unterteilung führe insbesondere in wirtschaftlich schwereren Zeiten dazu, dass die weichen

---

48 Vgl. Habeck et al (2002), S. 51.

49 Der Begriff „Merger-Syndrom“ wurde von Marks/Mirvis (1992) geprägt und beschreibt die psychologischen Auswirkungen nach Fusionen und Akquisitionen und deren wirtschaftliche Folgen für die beteiligten Unternehmen.

50 Vgl. Habeck et al. (2002), S. 101.

51 Vgl. Hilb (2000), S. 40; Habeck et al. (2001), S. 102f.

52 Vgl. Habeck et al. (2002), S. 120ff.

53 Vgl. Bolten (2003c), S. 14ff.

Faktoren hinten anstehen müssen, da sie häufig kaum messbar seien. Besonders wenn im Vorfeld einer M&A-Transaktion sowohl eine Due Diligence, als auch eine Cultural Due Diligence durchgeführt werden, werde am Ende davon ausgegangen, dass eine Dominanz der „harten“ Faktoren vorliegt. Die daraus resultierende Frontenverhärtung in der Diskussion um die „harten“ und „weichen“ Faktoren hält BOLTEN für unnötig. Da beide Aspekte in einem „permanenten Wechselverhältnis“ stehen, sei das eine ohne das andere nur Fragment. Diese gegenseitige Abhängigkeit mache insbesondere in der heutigen Zeit eine ganzheitliche Betrachtungsperspektive notwendig.[54] Selbst wenn sich nicht exakt bestimmen lasse „in welchem Ausmaß weiche Faktoren die „harten“ ökonomischen Größen beeinflussen“.[55]

1.4.4 Interkulturell

Die lateinische Vorsilbe „inter“ bedeutet im Deutschen „zwischen“. Somit bezeichnet interkulturell etwas, das sich zwischen unterschiedlichen Kulturen abspielt. Für Bolten ist diese Interkultur dann „die räumliche Bezeichnung dieses Sich-Ereignens“.[56] Interkulturen werden dabei permanent neu erzeugt.[57]

Die vorliegende Arbeit befasst sich mit dem Integrationsmanagement nach interkulturellen M&A-Transaktionen. Dabei bedeutet interkulturell, dass zwischen verschiedenen Kulturen im Rahmen der Post Merger Integration ein Zusammenschluss angestrebt wird. In der Betriebswirtschaftslehre gibt es den Begriff des „interkulturellen Managements“, wobei dieser im Rahmen eines ökonomischen Kontextes Kontakte und Begegnungen über nationale und kulturelle Barrieren hinweg beschreibt.[58] Doch auch innerhalb von Landesgrenzen kann es in gewisser Weise zu interkulturellen Kontakten kommen, so z.B. bei der Zusammenarbeit von Mitarbeitern aus unterschiedlichen Unternehmen mit differierenden Unternehmenskulturen. Somit ist beinahe jede M&A-Transaktion als interkulturell zu bezeichnen, doch soll der Fokus in dieser Arbeit auf dem Management von Integrationen liegen, bei denen sowohl Länder- als auch unternehmenskulturelle Grenzen überschritten werden.

---

[54] Vgl. ebd.
[55] Bolten (2003c), S. 16.
[56] Bolten (2003a), S. 18.
[57] Vgl. ebd.
[58] Vgl. Danckwortt (1985), S. 95.

1.4.5 Unternehmenskultur

Auf Basis des Organisationskulturkonzeptes von SCHEIN soll hier der Begriff Unternehmenskultur definiert werden.[59] Dadurch, dass der Begriff in unterschiedlichen wissenschaftlichen Disziplinen Verwendung findet sowie ein relativ komplexes soziales Phänomen darstellt, gibt es in der Literatur eine große Menge von Definitionen und Konzepten des Begriffs.[60] Für diese Arbeit soll die häufig benutzte Definition von SCHEIN als Grundlage gelten.[61] Indem SCHEIN den Begriff „Gruppe" auch für Unternehmen und deren Teilbereiche verwendet, definiert er Unternehmenskultur als „ein Muster gemeinsamer Grundprämissen, das die Gruppe bei der Bewältigung ihrer Probleme externer Anpassung und interner Integration erlernt hat, das sich bewährt hat und somit als bindend gilt; und das daher an neue Mitglieder als rationaler und emotionaler korrekter Ansatz für den Umgang mit diesen Problemen weitergegeben wird".[62]

Weiterhin legt SCHEIN drei Ebenen von Unternehmenskultur fest. Grundprämissen, bekundete Werte und Artefakte sollen bei den Themenentstehung, -erfassung und -beeinflussung von Unternehmenskultur helfen. Die erste Ebene sind die Grundprämissen, die von den Mitarbeitern des jeweiligen Unternehmens unbewusst als selbstverständlich gelten. Dazu gehören Auffassungen über das Wesen der Welt, des Menschen und des Unternehmens; weiterhin kollektive Ideale, Vorstellung über Realität und Wahrheit und Zeit und Raum.[63] So halten Mitarbeiter ein auf anderen Grundprämissen basierendes Verhalten als Resultat für nicht vorstellbar.[64]

Die zweite Ebene besteht aus bekundeten Werten bzw. Normen. Diese entstehen aus den Grundprämissen und äußern sich in bestimmten Arbeits- und Denkweisen, Ge- und Verboten und Tabus. Diese bekundeten Werte sind den Gruppenmitgliedern durchaus bewusst und können zur Diskussion gestellt werden, wenn dieses notwendig wird. Gibt es eine hohe Kongruenz der Normen mit den Grundprämissen, ist ein Ausdruck dieser Werte in einer gemeinsamen Strategie, einem gemeinsamen Ziel oder einer

---

59 Vgl. Schein (1992).

60 Vgl. etwa Drumm (1988), Ebers (1988), Elsass/Veiga (1994), Fischer (1989), Hinterhuber/Winter (1988) und Kobi/Wüthrich (1986).

61 Scheins Definition der Unternehmenskultur wird häufig in der Literatur verwandt oder zitiert, etwa bei Boerner (1994), Cartwright/Cooper (2001), Nahavandi/Malekzadeh (1988) und Ogbonna/Harris (2002). Eine Kritik an Schein findet sich bei Hatch (1993) und Young (1989).

62 Vgl. Schein (1996), S. 25.

63 Vgl. Olbrich (1999), S. 32.

64 Vgl. Schein (1992), S. 17ff.

gemeinsamen Philosophie dem Gruppenzusammenhalt und der Gruppenidentität sehr förderlich.[65]

Die oberste Ebene der Unternehmenskultur ist die der Artefakte. Solche „Schöpfungen der Kultur“, wie etwa der Organisationsaufbau oder Entlohnungs- und Beförderungssysteme, Kleidung und Sprache der Mitarbeiter oder feste Rituale sind die offensichtlichen Ausdrucksformen einer Unternehmenskultur. Verstehen kann man diese Ausdrucksformen und Symbole allerdings nur, wenn man auch die unteren Ebenen verstanden hat. Daher werden die Artefakte zusammen mit einem kleinen Teil der bekundeten Werte als Spitze eines Eisberges beschrieben, dessen Hauptteil allerdings unter der Oberfläche verborgen liegt. Dies wird in der nächsten Abbildung deutlich.[66]

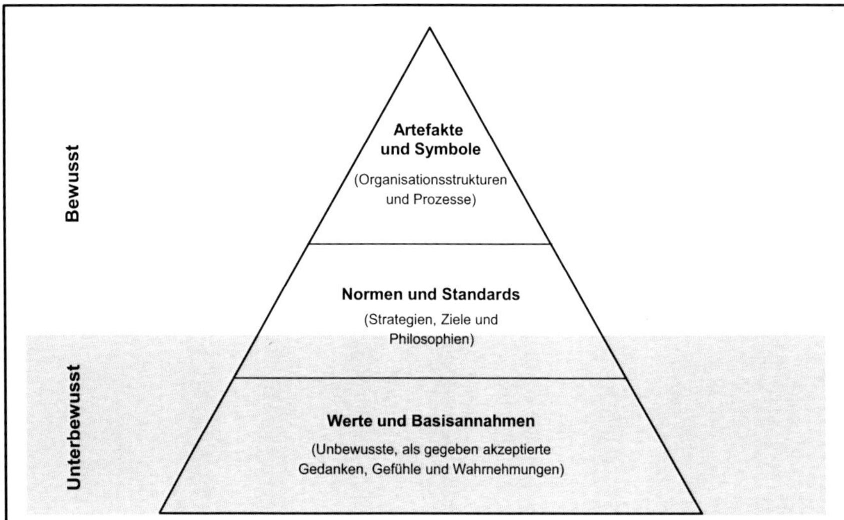

Quelle: Nach Schein (1992), S. 17.

Abbildung 6: Ebenen der Unternehmenskultur nach Schein

Eine Unternehmenskultur weist verschiedene Funktionen auf, insbesondere die Koordinationsfunktion, die Integrationsfunktion, die Motivationsfunktion, die Profilierungsfunktion und die Orientierungsfunktion.[67] Über die Koordinationsfunktion der Unterneh-

[65] Vgl. ebd., S. 17ff.
[66] Vgl. Schein (1992), S. 17ff. und Olbrich (1999), S. 32.
[67] Vgl. Olbrich (1999), S. 8 und Scholz (2000) S. 782.

menskultur wird ein Basiskonsens erreicht sowie ein gemeinsames Grundverständnis über grundlegende organisatorische Fragen und ein kommunikatives Verständigungspotenzial zur Verfügung gestellt. Somit wird durch eine gemeinsame Kommunikation die Abstimmung zwischen den Mitarbeitern erleichtert.[68]

Die Integrations- oder Identifikationsfunktion verstärkt den Zusammenhalt und die Widerstandsfähigkeit gegenüber internen und externen Störungen. In der Motivationsfunktion schafft die Unternehmenskultur eine erhöhte Leistungsbereitschaft der Mitarbeiter und verbessert zugleich deren Selbststeuerungsfähigkeit, d.h. die Fähigkeit selbstständig zu arbeiten. Weiterhin führt SCHOLZ die Profilierungsfunktion zur Abgrenzung gegenüber anderen Unternehmen auf sowie die Orientierungsfunktion, die den Mitarbeiterin eine Richtung für ihre betrieblichen Aktivitäten aufzeigt.[69]

Gleichzeitig kann aber auch eine Unternehmenskultur ungewollte negative Funktionen aufweisen. Ein durch die Kultur geförderter log-in-Effekt mit starren Denkmustern und Vorgehensweisen kann zu einer Abschottung gegenüber jeglicher Kritik führen und notwendige Prozesse oder Entscheidungen verhindern.[70]

Mit den richtigen Werten besetzt, kann eine starke Unternehmenskultur – wenn sie offen und flexibel bleibt – einen extrem positiven wirtschaftlichen Faktor darstellen.[71] Gleichzeitig könne Unternehmenskulturen aber auch zu Herausforderungen nach Fusionen oder Akquisitionen werden, wie in dieser Arbeit noch deutlich wird.

1.4.6 Integration

Nach einer Analyse von unterschiedlichen, in der Betriebswirtschaft benutzten Integrationsbegriffen definiert GERPOTT Integration als den „hauptsächlich vom erwerbenden Unternehmen (= Integrationsinitiator) vorangetriebenen evolutionären Prozess, in dem primär über Interaktionen (= Integrationsmittel) der Mitarbeiter des Akquisitionssubjektes und -objektes immaterielle Fähigkeiten/Know-how bei beiden Unternehmen beeinflusst und zwischen ihnen übertragen werden (= Integrationsobjekt I) sowie Veränderungen in der Nutzung materieller Ressourcen zumindest beim Akquisitionsobjekt herbeigeführt werden (= Integrationsobjekt II), um durch die Akquisition eröffnete Poten-

---

68 Vgl. Olbrich (1999), S. 8.
69 Vgl. Scholz (2000), S. 782.
70 Vgl. Steinmann/Schreyögg (2000), S. 639f.
71 Vgl. Olbrich (1999), S. 8.

tiale zur Steigerung des Gesamtwertes beider Unternehmen zu realisieren (= Integrationsziel)“.[72]

JANSEN folgt diesem Vorgehen und schlägt vor, Integration zu definieren „als einen graduell hinsichtlich seiner Intensität und Asymmetrie differierenden gemeinsamen Prozess der abgestimmten Koordinationen von Entscheidungen auf der Integrationsebene Strategie, Organisation/Administration, Personalkultur und Operationen im Sinne einer *internen Integration* und einen als parallel laufenden, die interne Integration wechselseitig beeinflussenden Prozess der *externen Integration* von Kunden, Zulieferern, Aktionären, Analysten und anderen Stakeholdern zu verstehen“.[73] JANSEN führt weiterhin aus, dass dies für die interne Integration „konkret einen gemeinsamen Abstimmungs- und Anpassungsprozess, einen Veränderungs- und Reorganisationsprozess und einen Aufbau- und Diffusionsprozess von z.B. Management, Prozess, Produkt und Kunden-Know-how“ bedeute.[74]

In diesem Sinne soll der Integrationsbegriff auch in der vorliegenden Arbeit verwendet werden, wobei nicht die gesamte, sondern speziell die kulturelle Integration im Zentrum der Betrachtung steht.

---

[72] Gerpott (1993a), S. 115.
[73] Jansen (2001), S. 228.
[74] Ebd.

2

Stand der Forschung

In beinahe allen aktuellen Integrationskonzepten spielt die kulturelle Integration eine Rolle. Bevor näher auf die speziellen Ansätze zur kulturellen Integration eingegangen wird, sollen die wichtigsten aktuellen Gesamtkonzepte zur PMI überblicksartig dargestellt werden.

2.1 Allgemeine Ansätze zur Post Merger Integration

An dieser Stelle sollen die bedeutendsten aktuellen Gesamtintegrationskonzepte kurz vorgestellt werden, um die Bedeutung, die der kulturellen Integration im Rahmen dieser Konzepte beigemessen wird, beurteilen und für das Thema dieser Arbeit einordnen zu können.[75]

2.1.1 Post Merger Management Modell nach CLEVER

In CLEVERS Integrationskonzept werden im Rahmen eines Ablaufsmodells die vier Schritte bei einer Unternehmensintegration untersucht. Es werden die strategischen, die

75 Vgl. Palm (2011), S. 33ff.

organisatorisch-funktionalen, die informationstechnischen und die soziokulturellen Bestandteile unterschieden.[76]

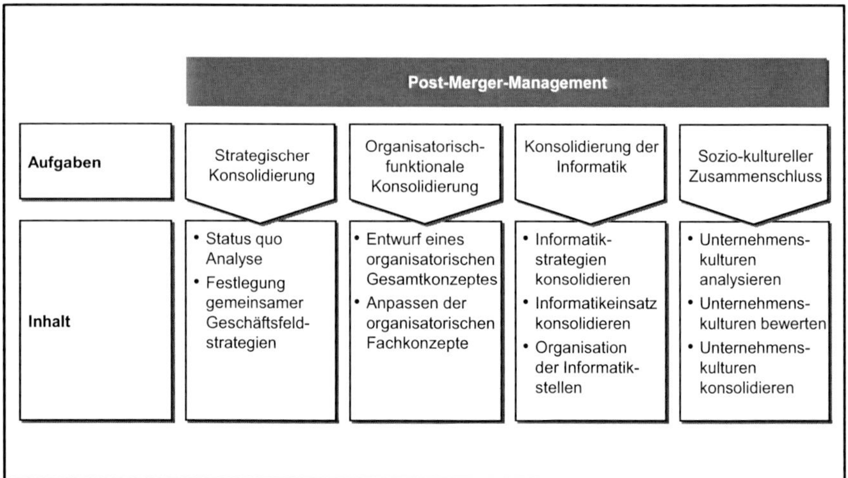

Quelle: Nach Clever (1993), S. 57

Abbildung 7: Post Merger Management Modell nach Clever

Bei den strategischen Aspekten geht es darum, eine neue gemeinsame Geschäftsstrategie festzulegen, und zwar auf Basis detaillierter Status quo-Analysen. Strukturen und Abläufe der Unternehmen zu synchronisieren ist das Ziel im organisatorisch-funktionalen Bereich. Dabei soll durch die Analyse bestehender Prozesse und ein eventuelles Prozess-Redesign ein neues ganzheitliches Organisationskonzept über die gesamte Wertschöpfungskette entstehen. Besondere Bedeutung misst CLEVER der Konsolidierung von informationstechnischen Systemen bei, da eine Inkompatibilität dieser häufig Probleme aufwerfen könne. Im abschließenden soziokulturellen Bereich plädiert CLEVER für eine Analyse und Bewertungen der jeweiligen Unternehmenskulturen sowie daraus resultierenden Maßnahmen für eine nach innen und nach außen gerichtete Integration.[77]

2.1.2 Integrationsgestaltung nach GERPOTT

Basierend auf dem Hauptziel bei jedem Unternehmenskauf, den Gesamtwert beider Unternehmen zu steigern, beginnt GERPOTTS Integrationsprozess mit der Identifikation

---

[76] Vgl. Clever (1993), S. 54ff.
[77] Vgl. ebd.

von Wertschöpfungspotentialen.[78] Zur Erreichung dieser Wertschöpfungspotentiale sieht der Autor einen hohen Integrationsbedarf, den er in einem Gesamtprozess der Integration abbildet.

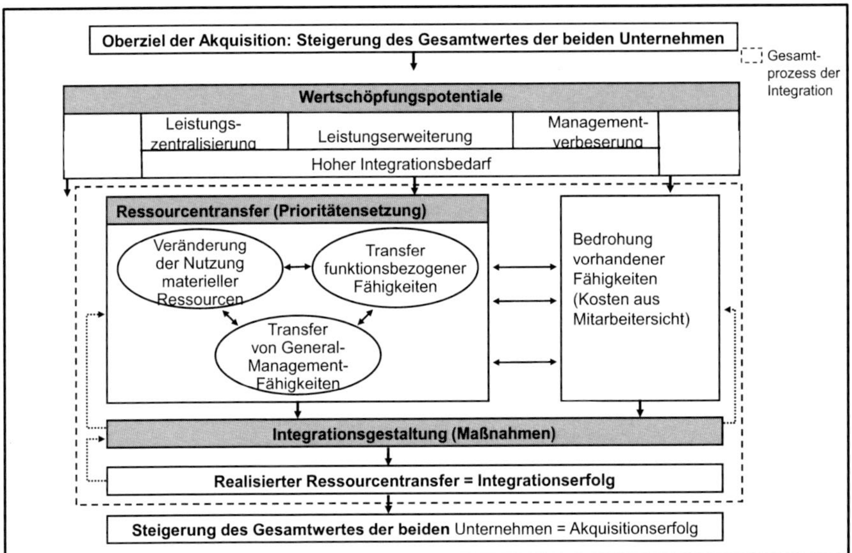

Quelle: Nach Gerpott (1993), S. 121.

Abbildung 8: Integrationsgestaltung nach Gerpott

Ausgangspunkt hierfür ist der strategiebasierte Priorisierungsprozess bezüglich des Ressourcentransfers zwischen Käuferunternehmen und dem übernommenen Unternehmen sowie eine aus Mitarbeitersicht bestehende Bedrohung vorhandener Fähigkeiten. Gelingt der Ressourcentransfer, so ist für GERPOTT ein Integrationserfolg gegeben; erfolgt im Anschluss eine Steigerung des Gesamtwertes der beiden Unternehmen, so ist von einem Akquisitionserfolg die Rede.[79]

2.1.3 Integrationsansatz von GRUBE/TÖPFER

GRUBE/TÖPFER teilen die Post-Merger-Integration in drei Phasen ein:

- Start-up-Phase,

---

[78] Vgl. Gerpott (1993a), S. 120ff.

[79] Vgl. Gerpott (1993a), S. 121.

– Projektumsetzungs-Phase,
– Bussiness-Transformation-Phase.

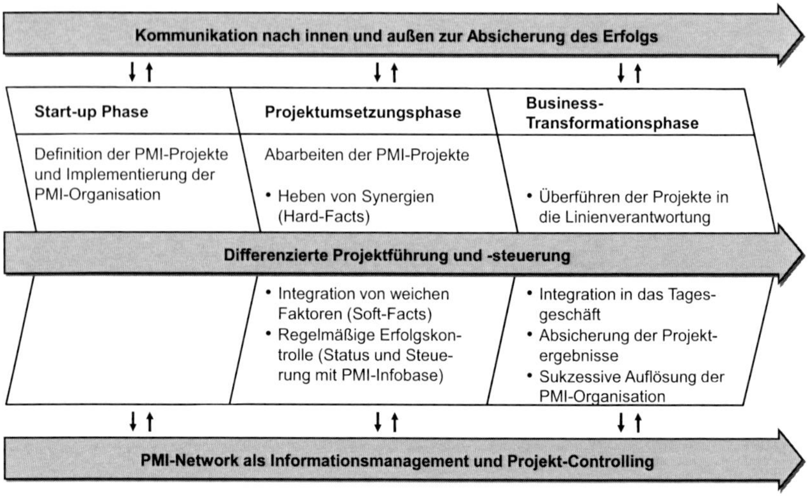

Quelle: Nach Grube/Töpfer (2002), S. 103.

Abbildung 9: Integrationsansatz von Grube/Töpfer

Parallel zu allen Phasen läuft die Steuerung des Gesamtprozesses mit einem PMI-Network als Instrument des Informationsmanagements und als Grundlage des Projektcontrollings. Gleichzeitig wird eine gezielte Kommunikation nach innen und außen durchgeführt, um so in Summe eine differenzierte Projektführung und -steuerung zu ermöglichen.[80]

In der Start-up-Phase werden zunächst die PMI-Projekte definiert und die dazugehörige Organisation implementiert. In der zweiten Phase werden die jeweiligen Projekte durchgeführt, um dabei Synergien zu realisieren und gleichzeitig die „weichen" Erfolgsfaktoren nicht zu vernachlässigen. Weiterhin wird eine regelmäßige Erfolgskontrolle empfohlen. In der Business-Transformation-Phase wird in der Linie die Verantwortung für die abgeschlossenen Projekte übernommen, so dass unter Absicherung der Projektergebnisse und des gewonnenen Wissens ein Übergang ins Tagesgeschäft erfolgt.

[80] Vgl. Grube/Töpfer (2002), S. 103f.

Weiterhin detaillieren die beiden Autoren die drei Phasen ihres Konzeptes und gehen näher auf Aufbau und Funktion des PMI-Networks, auf Kommunikation zur Absicherung des Erfolges und auf die Vernetzung von Unternehmenskulturen und interkulturelles Lernen ein.[81]

2.1.4 Integrations-Management-Konzept von GRÜTER

GRÜTERS Integrations-Managementkonzept basiert auf vier Teilkonzepten:[82]

- Teilkonzept Politik
- Teilkonzept Struktur
- Teilkonzept Personal
- Teilkonzept Kultur

Das Teilkonzept Politik beinhaltet dabei die materielle Dimension des Integrations-Managements, also konkret anstehende Integrationsaufgaben und Inhalte zu Problemlösungen. Dabei sind die beiden Grundaufgaben die Formulierung der Integrationspolitik sowie die Vertretung derselben nach außen. Das Teilkonzept Struktur behandelt die formale Dimension des Führungskonzeptes und damit die Technik zur Steuerung des Problemlösungsverhaltens. Die anthropozentrische Dimension stellt das Teilkonzept Personal dar. Dieses hat zum Ziel, eine möglichst weitgehende Unterstützung des Integrationsprozesses durch das beteiligte Management sicher zu stellen. Die wert- und normenorientierte Dimension des Integrationskonzeptes wird durch das Teilkonzept Kultur abgedeckt. Der Fokus liegt dabei auf der Beeinflussung der Unternehmenskultur bzw. der kulturbildenden Prozesse.[83]

Der Autor sieht sein Konzept als Gestaltungshilfe für konkrete Integrationsführungsprobleme zur Unterstützung einer systematischen ganzzeitlichen und konzeptionellen Vorgehensweise.[84]

---

81 Vgl. Grube/Töpfer (2002), S. 106ff.
82 Vgl. Grüter (1991), S. 222.
83 Vgl. ebd.
84 Vgl. Grüter (1991), S. 224.

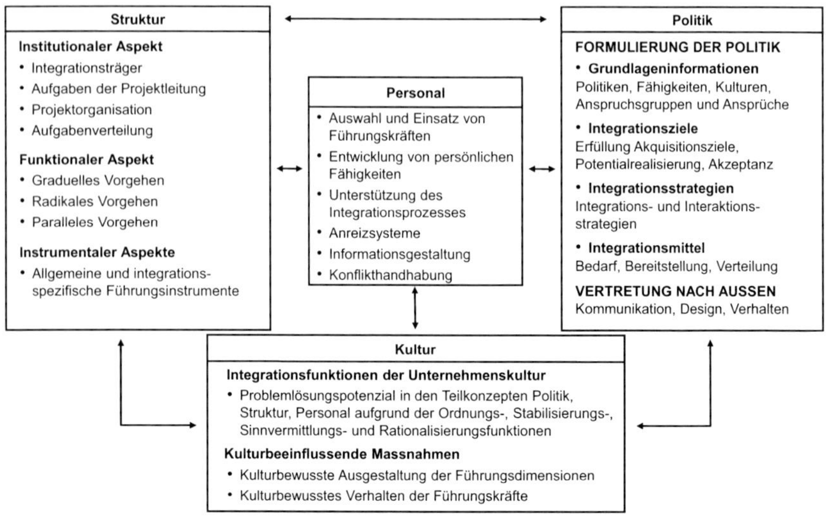

Quelle: Nach Grüter (1991), S. 223.

Abbildung 10: Integrationsmanagementkonzept von Grüter

2.1.5 Integrationskonzept von HASE

In seinem Integrationskonzept sieht HASE vier für den Erfolg entscheidende Faktoren. Diese sind die strategische, die strukturelle, die personelle und die kulturelle Integration.[85]

[85] Vgl. Hase (1996), S. 178ff.

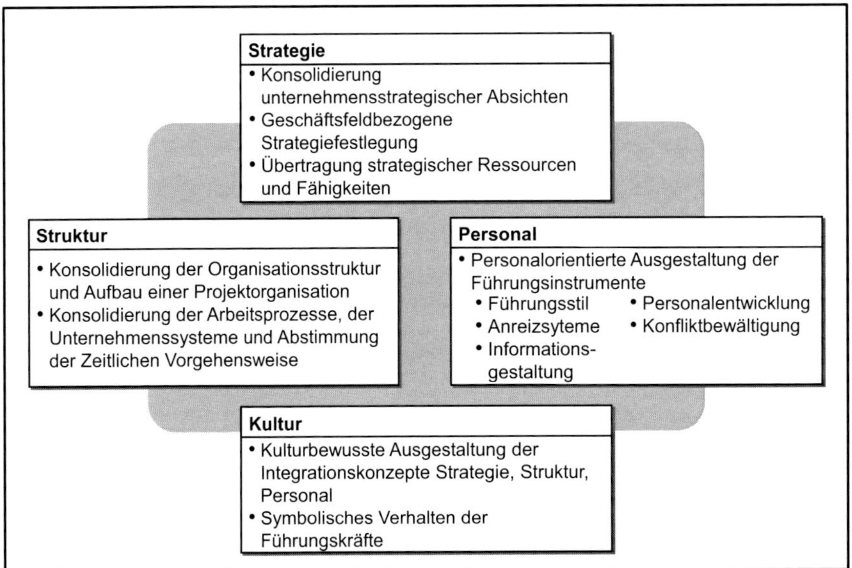

Quelle: Nach Hase (2002), S. 179.

Abbildung 11: Integrationskonzept von HASE

Strategische Integration bedeutet für HASE Basis und Ziel für die anderen drei Erfolgsfaktoren vorzugeben. Im Rahmen einer Analyse der Zielpräferenz, der Potenzialpräferenz und der strategischen Präferenz soll die neue strategische Gesamtausrichtung festgelegt werden. Darauf hin folgt die strukturelle Integration, die sowohl organisations- als auch prozessorientiert vorgeht und dabei sowohl Aufbauorganisation und Ablauforganisation berücksichtigt.[86] Um den Integrationsprozess zu unterstützen, geht HASE im personellen Aspekt darauf ein, wie das Verhalten der Mitarbeiter positiv beeinflusst werden kann. Die Bedeutung dieses Punktes wird noch einmal unterstrichen, indem konkrete Hilfen zu Erreichung dieses Zieles aufgezeigt werden:[87]

- Besetzung von Schlüsselpositionen durch Kulturträger
- Schaffung von materiellen und immateriellen Anreizsystemen
- Personalrekrutierung und -entwicklung
- Integrationsmanagement, mit Schaffung von Integrationsteams

86 Vgl. ebd.
87 Vgl. Hase (1996), S. 173f.

Das Konzept sieht weiterhin die Integration zweier unterschiedlicher Unternehmenskulturen als große Herausforderung an, die erhebliches Potenzial für Probleme enthält. Als Lösungswege werden kulturorientierte Integrationskonzepte, Strategien, Strukturen und Personalmaßnahmen empfohlen, wobei das Management immer mit gutem Beispiel vorangehen sollte.[88]

2.1.6 Das 7-K-Modell der Integration von JANSEN

In seinem Modell beschreibt JANSEN die „7 Kernelemente des Fusionsmanagements", die die ökonomischen und psychischen Kosten der Integration beeinflussen.[89] Diese Schlüsselfaktoren des Fusionsmanagements sind:[90]

- Koordination der Integration
- Kontrolle
- Kultur
- Know-how und Kernkompetenzen
- Kunden und Ko-Produzenten
- Kernbelegschaft und Karriere
- Kommunikation

Die Ursachen für ökonomische und psychische Kosten der Integration, die laut JANSEN in anderen Modellen nicht berücksichtigten und sichtbar gemacht werden sowie der Zusammenhang zwischen den Ursachenfeldern untereinander werden dargestellt.[91] Die einzelnen Prozesse und Instrumente für das Management von Unternehmenszusammenschlüssen werden dabei nur relativ generisch umrissen und nicht detailliert dargestellt. JANSEN macht deutlich, dass auf Basis unterschiedlicher Motive für die Transaktion im Rahmen der Planung viele Punkte situativ entschieden werden müssen, etwa die Frage nach der Integrationstiefe oder der Integrationsgeschwindigkeit. Im dargestellten Modell beeinflussen alle sieben Aspekte die Integrations- bzw. die Vernetzungskosten.

Kultur und somit das interkulturelle Integrationsmanagement wird als Teil des Integrationsprozesses gesehen und somit nicht wie in anderen Modellen als isolierter Faktor dargestellt.[92] Durch eine „zwischenmenschliche Interaktion wird die Interkultu-

---

[88] Vgl. Hase (1996), S. 175ff.
[89] Vgl. Jansen (2001), S. 229ff.
[90] Vgl. ebd.
[91] Vgl. Jansen (2000a), S. 37.
[92] Vgl. Eberhardt (2003), S. 31.

ralität des Mergers gewissermaßen in alle Aufgaben- und Problembereiche des Integrationsmanagements übertragen".[93]

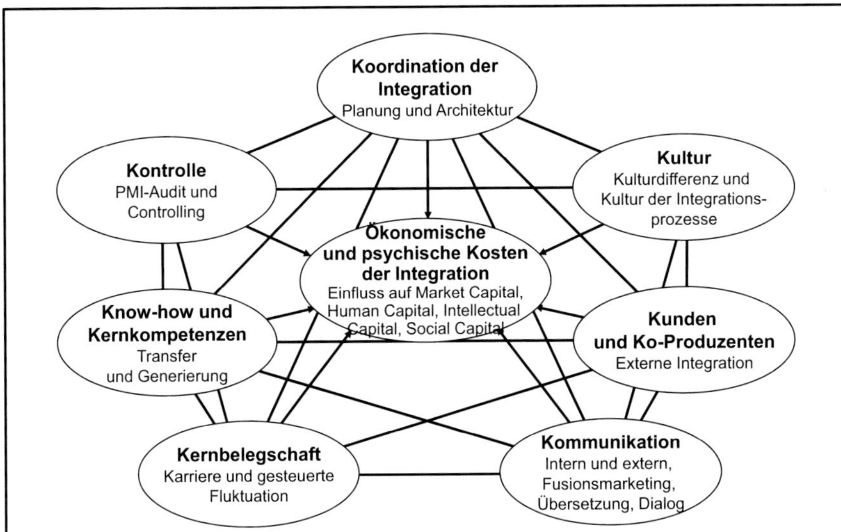

Quelle: Nach Jansen (2001), S. 230.

Abbildung 12: 7-K-Modell der Integration von Jansen

2.1.7 Vorgehen bei Integrationsprojekten nach KOCH

Der Integrationsprozess wird bei KOCH in zwei Phasen eingeteilt, das Integrationsdesign und die Durchführung der Integration.[94]

Hervorgehoben wird insbesondere die große Bedeutung der Designphase, die häufig nur unzulänglich für den Erfolg eines Integrationsprojektes abgearbeitet werde. Innerhalb dieser Phase steht die Ableitung eines herausfordernden Anspruchsniveaus, welches von der Führungsmannschaft gemeinsam getragen und umgesetzt werden soll, im Mittelpunkt. In diesem Rahmen sollte:

- eine gemeinsame Vision und wertsteigernde Wachstumsstrategie entwickelt werden, insbesondere um Unsicherheiten in der Organisation zu vermeiden und die Motivation der Mitarbeiter sicher zu stellen,

---

93 Ebd.
94 Vgl. Koch (2002), S. 390ff.

- operative Wertsteigerungspotenziale identifiziert werden sowie
- die bestehenden Geschäfte und die zukünftige Funktionalität sichergestellt werden.

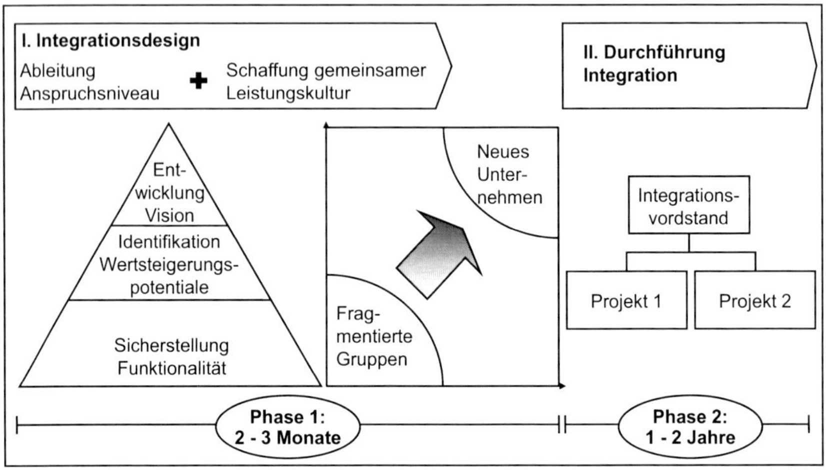

Quelle: Nach Koch (2002), S. 390.

Abbildung 13: Vorgehen bei Integrationsprojekten nach Koch

Um das Ziel einer gemeinsamen Leistungskultur zu erreichen, schlägt KOCH die folgenden Punkte vor:

- ein Verstehen der individuellen Perspektive der jeweiligen Mitarbeiter durch Interviews oder Befragung
- sowie daraus resultierend die Entwicklung einer gemeinsamen Perspektive bezüglich des neuen Unternehmens.

Darauf folgt bei KOCH in der zweiten Phase die Durchführung der eigentlichen Integration. Dies geschieht in drei Schritten:

- Zur Ressourcenallokation werden die Projektportefolios priorisiert,
- darauf basierend wird eine Projektorganisation entwickelt und
- das Projektcontrolling durchgeführt.

Abschließend weist KOCH darauf hin, dass sein Konzept relativ allgemein gehalten sei und somit für alle Integrationen passe, gleichzeitig jedoch der individuelle Charakter jeder einzelnen Integration immer speziell berücksichtigt werden müsse.[95]

2.1.8 Integrationskonzept von STROHMER

STROHMER lässt sein Integrationskonzept auf drei Säulen basieren:[96]

- visionär-strategisch
- sozio-kulturell
- strukturell-organisatorisch.

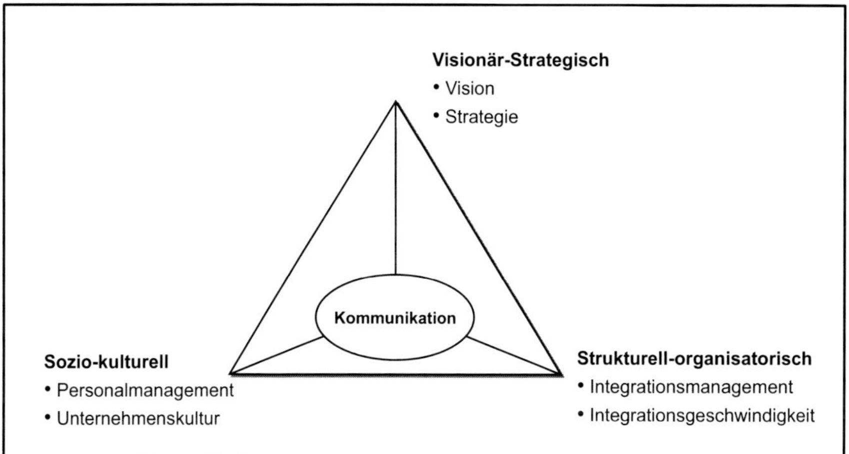

Quelle: Nach Strohmer (2001), S. 63.

Abbildung 14: Integrationskonzept von Strohmer

Der Autor legt Wert auf eine Betrachtung der einzelnen Faktoren als „ganzheitliches System“.[97] Im Zusammenspiel dieser interdependenten Faktoren spielt Kommunikation eine wichtige Rolle. Zusätzlich geht STROHMER auf organisatorische Themen wie Projektmanagement und Integrationsgeschwindigkeit ein.[98]

---

95 Vgl. Koch (2002), S. 405f.

96 Strohmer (2001), S. 62ff.

97 Vgl. Strohmer (2001), S. 63.

98 Vgl. Strohmer (2001), S. 64ff.

2.1.9 Bedeutung „weicher“ Faktoren in den allgemeinen Integrationsansätzen

Die vorgestellten Ansätze geben sich meist praxisorientiert. Der primäre Fokus liegt deutlich auf der organisatorischen und operativen Ebene. Bei einer Betrachtung der aktuellen Integrationsansätze mit dem Fokus auf das Thema dieser Arbeit wird deutlich, dass die Berücksichtigung von Unternehmenskulturen durchaus als wichtiger Bestandteil eines Gesamtkonzeptes gesehen werden, etwa bei CLEVER, GRÜTER, HASE, JANSEN und STROHMER. Die „weichen“ Faktoren, neben kulturellen Themen vor allem der Themenkomplex der Kommunikation, finden bei fast allen Autoren Berücksichtigung. Dennoch ist für den konkreten Fall der Integration von Unternehmenskulturen eine Hilfestellung meist nur auf einer sehr generischen Ebene gegeben. Daher soll im nächsten Abschnitt dieser Arbeit eine Betrachtung der Modelle erfolgen, die sich explizit mit kultureller Integration auseinandersetzen.

2.2 Ansätze zur Integration von Unternehmenskulturen

2.2.1 Ansatz von HOFSTEDE

Für HOFSTEDE ist Kultur ein stabiles und objektiv beschreibbares System von Annahmen, Werten und Normen. Er definiert die Unternehmenskultur als „eine kollektive Programmierung des Geistes, die Mitglieder einer Organisation von einer anderen unterscheidet“.[99] Innerhalb dieses Systems geht er von einem großen Einfluss der Landes- auf die Unternehmenskultur aus sowie weiterhin von einem Einfluss der Unternehmenskultur auf das Verhalten jedes einzelnen Mitarbeiters.[100]

Als Basis für dieses Kulturanalyse-Modell dient eine bei dem Unternehmen IBM durchgeführte Studie, in der HOFSTEDE interkulturelle Unterschiede aufzeigte und in zunächst vier, später dann fünf Kulturdimensionen abbildet:[101]

- Individualismus versus Kollektivismus
- Große versus geringe Machtdistanz
- Maskulinität versus Femininität

[99] Hofstede (1997), S. 403.
[100] Vgl. Schreier (2001), S. 33.
[101] Vgl. Hofstede (1984), S. 83ff. und Hofstede (1997), S. 159ff.

- Starke versus schwache Unsicherheitsvermeidung
- Langfristige Orientierung versus kurzfristige Orientierung

Der Autor weist den jeweiligen Ländern konkrete Indexwerte in den einzelnen Dimensionen zu, Malaysia erhält etwa in der Dimension „Machtdistanz“ den Indexwert 104, Dänemark erreicht den Wert 18 und weißt damit eine geringere Machtdistanz auf, was sich z.B. in flachen Unternehmenshierarchien ausdrückt. HOFSTEDE stellt auch eine Rangliste auf, wobei in diesem Beispiel Malaysia Rang 1, Dänemark hingegen „nur“ Rang 51 belegt.[102]

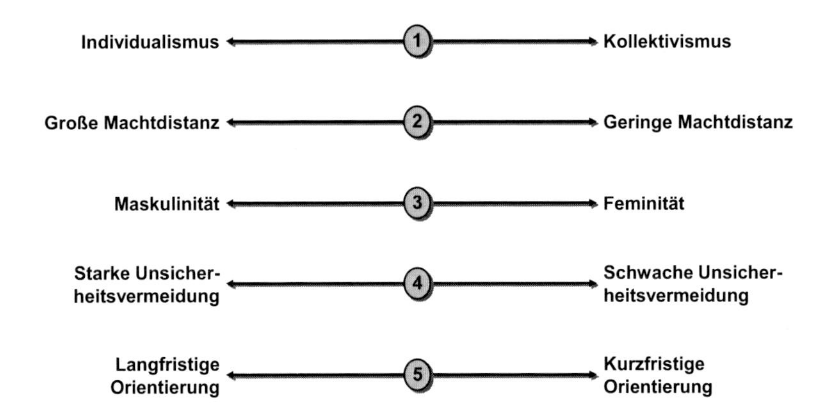

Quelle: Nach Schreier (2001), S. 34.

Abbildung 15: Kulturdimensionen von Hofstede

In individualistisch orientierten Staaten, wie etwa den USA, sind die Verbindungen zwischen den einzelnen Personen eher locker, das Individuum ist wichtiger als die Gruppe und jeder ist nur für sich selbst und die unmittelbare Familie verantwortlich. Länder mit ausgeprägtem Kollektivismus stellen die Pflege des gemeinsamen Verbunds, etwa der Großfamilie oder der Sippe in den Mittelpunkt. So ist etwa in asiatischen Ländern eine hohe Gruppenverbundenheit besonders wichtig und die gemeinsame Leistung der Gruppe zählt mehr, als die Leistung des Individuums.[103]

[102] Vgl. Bolten (2003b), S. 2f.
[103] Vgl. ebd.

Die Dimension der Machtdistanz stellt dar, wie sehr Mitglieder einer Gesellschaft in einem bestimmten Land akzeptieren, dass Macht und Autorität innerhalb von Institutionen und Organisationen ungleichmäßig verteilt sind. In Ländern mit großer Machtdistanz werden Hierarchien ohne eine weitere Rechtfertigung hingenommen. In solchen Ländern, wie Malaysia sind etwa Vorgesetzte für ihre Untergebenen oft nicht erreichbar und es besteht ein gewisses Bedürfnis nach Abhängigkeit. In Staaten mit geringer Machtdistanz (z.B. Kanada) wird eine Rechtfertigung für Machtungleichgewichte verlangt und es wird versucht, gleiche Rechte für alle zu erreichen.[104]

Maskuline Staaten sind solche, in denen (materieller) Erfolg, Heldenmut und Durchsetzungskraft die größte Bedeutung besitzen und Arbeit ein zentraler Bestandteil des Lebens ist (z.B. USA, Taiwan). In eher feminin geprägten Gesellschaften (z.B. Schweden) stehen Lebensqualität, Partnerschaften, Unterstützung von Schwachen und Bescheidenheit im Vordergrund. HOFSTEDE differenziert diese Kulturdimension weiterhin dadurch, dass in maskulinen Kulturen die Rollen der Geschlechter deutlicher voneinander abgegrenzt sind, während sich in femininen Kulturen die Rollen eher überschneiden. Dabei haben Frauen in maskulinen Kulturen auch „maskulinere“ Rollen inne, als Männer in femininen Kulturen, wobei der Abstand zwischen den Geschlechtern in maskulinen Kulturen deutlich größer ist.[105]

Die Kulturdimension der Unsicherheitsvermeidung beschreibt, in welchem Maße sich Mitglieder einer Gesellschaft angesichts von Ungewissheit und unbekannten Situationen unwohl oder bedroht fühlen. Starke Unsicherheitsvermeidung führt zu Glaubenssätzen und Regeln, die Sicherheit versprechen und dem Festhalten an Institutionen, die Konformität garantieren. Weiterhin besteht die Tendenz, Experten und Lehrer zu respektieren, die auf alles eine Antwort wissen. Dies ist etwa in Deutschland oder Japan der Fall. In Ländern mit schwacher Unsicherheitsvermeidung (z.B. USA), wo Praxis wichtiger ist als Prinzipien, kann besser mit Ambiguität und Ungewissheiten umgegangen werden.[106]

Langfristige versus kurzfristige Orientierung, auch als „konfuzianische Dynamik“ bezeichnet, bildet die fünfte Dimension. Kurzfristige Orientierung steht dabei für das Beachten von Werten, die auf die Vergangenheit und Gegenwart bezogen sind, insbesondere Respekt für Traditionen, „Gesichtswahrung“ und Erfüllung sozialer Pflichten. Dies ist in den meisten westlichen Kulturen, etwa in Deutschland, der Fall. Langfristige Orientierung steht für die Bedeutung von Tugenden, die auf künftigen Erfolg hin ausge-

---

[104] Vgl. ebd.
[105] Vgl. ebd.
[106] Vgl. ebd.

richtet sind, insbesondere Beharrlichkeit, Ausdauer und Sparsamkeit (z.B. in China). Ein anschauliches Beispiel für Unterschiede in dieser Kulturdimension ist das ungleiche Vorgehen der Delegationen bei den Pariser Friedensgesprächen, mit denen das Ende des Vietnamkriegs ausgehandelt werden sollte. Die Amerikaner nahmen in Paris nur eine einwöchige Hotelreservierung vor, während die Vietnamesen sich für ein Jahr in einem Schloss einmieteten. Im Verlauf der Verhandlungen mussten die frustrierten Amerikaner ihre Hotelreservierung ständig verlängern, um sich an das bedächtigere Vorgehen ihrer vietnamesischen Verhandlungspartner anzupassen.[107]

Mit seinem Modell geht der Autor davon aus, verschiedene soziale Systeme anhand der Form, wie sie mit grundlegenden menschlichen Problemen umgehen, abbilden und vergleichen zu können.[108] Da sowohl Landes- als auch Unternehmenskultur nach HOFSTEDE zu den durch sein Modell vergleichbaren sozialen Systemen gehören, kann im Rahmen der Vorbereitung einer Post Merger Integration mittels der Kulturdimensionen versucht werden, potenzielle interkulturelle Konfliktfelder zu identifizieren und so dem Management die Möglichkeit zu einer besseren Integrationsplanung zu geben.[109]

2.2.2 Ansatz von MÜNCH

MÜNCHS Theorie der Handlungsräume untersucht, wie sich ein kultureller Wissensvorrat in einer spezifischen Form entwickelt. Dazu misst der Autor den Grad der Ausprägung von Symbolkomplexität, d. h. den Umfang des vorhandenen Zeichenvorrats und Handlungskontingenz, d. h. die Menge der Handlungsmöglichkeiten in den Bereichen persönliche Handlungskapazität, Lernen, soziales Handeln und kulturelles Wissen. Die jeweilige Position wird dann in einem Raster eingetragen, wie in der folgenden Abbildung dargestellt wird. Dabei kann jedes einzelne Feld immer wieder in vier weitere Felder unterteilt werden, so dass eine lokale Ebene genauer untersucht werden kann.[110]

MÜNCH geht davon aus, dass eine Stabilität des Gesamtsystems besteht, wenn das Untersuchungsobjekt in allen vier Bereichen ähnliche Koordinaten hat. Bestehen zwischen den einzelnen Feldern Abweichungen, so ist dies ein Zeichen für eine Instabilität des Systems und gibt Hinweise auf aktuelle oder bevorstehende Veränderungen, die den Zweck haben, das Gleichgewicht im System wieder herzustellen.[111]

---

[107] Vgl. Adler (1997), S. 200.
[108] Vgl. Schreier (2001), S. 33.
[109] Vgl. Stüdlein (1997b), S. 195f.
[110] Vgl. Münch (1990), S. 54ff.
[111] Vgl. ebd. und Bolten (1999).

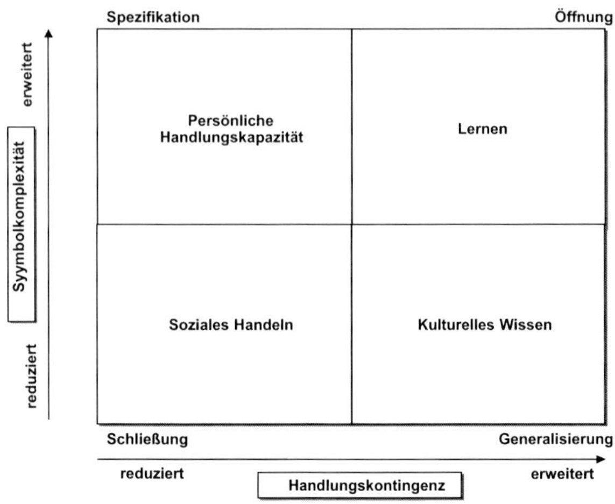

Quelle: Nach Münch (1990), S. 54ff.

Abbildung 16: Münchs Theorie der Handlungsräume

Dieses Werkzeug lässt sich zur Analyse der Kultur von Märkten, Regionen und Unternehmen verwenden. Doch sollte dies mit Vorsicht geschehen, denn Münchs System ist sehr starr und es besteht die Gefahr, in ein „Kästchendenken" zu verfallen. Als Ergänzung zu solch einem festen Modell könnte man bei der Bewertung von Unternehmenskulturen z.B. auch mit einer Analyse von Führungsstylen, Anreizsystemen und Dokumenten in dem jeweiligen Unternehmen arbeiten, um eine umfassendere Betrachtung und eine genauere Einschätzung des jeweiligen Unternehmens zu ermöglichen.[112]

Ein Einsatz der Theorie der Handlungsräume ist mit den oben genannten Einschränkungen vor allem im Vorfeld einer Unternehmensfusion sinnvoll, um herauszufinden, ob die Kandidaten zusammen passen oder zu viele Unterschiede einen Erfolg unwahrscheinlich machen.

[112] Vgl. Bolten (1999).

2.2.3 Integrationsansatz von BUONO/BOWDITCH

In dem Versuch zu unterschiedlichen Unternehmenskulturen zusammenbringen zu wollen, sehen BUONO/BOWDITCH die Ursachen für erfolglose Integrationsversuche. Die Autoren geben vier beobachtete Integrationsansätze an:[113]

- *Cultural Pluralism,*
- *Cultural Blending,*
- *Cultural Takeover,*
- *Cultural Resistance.*

Beim kulturellen Pluralismus existieren dabei unterschiedliche Kulturen gleichzeitig, ohne dass es zu einer kulturellen Anpassung kommt. Bei einem Cultural Blending bildet sich aus einer Kombination der Kulturen eine neue heraus, während beim Cultural Takeover ein Unternehmen (in der Regel das schwächere) die Kultur des anderen übernehmen muss. Im schlechtesten Fall, der Cultural Resistance, gibt es große Spannungen zwischen den Unternehmen und ihren Kulturen, so dass eine Integration erheblich erschwert wird.[114]

Unternehmenskulturen verändern sich und können laut BUONO/BOWDITCH über Zeit auch aktiv verändert werden. Dies sei jedoch ein evolutionärer Prozess, der zeitlich und finanziell aufwendig und emotional belastend sein könne. Dabei seien inkrementelle Veränderungen unter Berücksichtigung der Vergangenheit des Unternehmens offensichtlich am erfolgreichsten. Die zwei fundamentalen Wege, eine Kulturveränderung herbeizuführen, sind nach BUONO/BOWDITCH:[115]

- Erreichen einer Akzeptanz von neuen Glaubenssätzen und Werten durch die bestehenden Mitglieder der Organisation,
- Rekrutierung und Sozialisierung neuer Mitarbeiter für die Organisation unter besonderer Beachtung der neuen Glaubenssätze und Werte bei gleichzeitigem Entfernen von alten Mitgliedern aus der Organisation soweit notwendig.

Das folgende Schaubild zeigt die fünf Schlüsselpunkte, an denen den Autoren zufolge Interventionen möglich sind, um eine Kulturveränderung zu bewirken:

[113] Vgl. Buono/Bowditch (1989), S. 143ff.
[114] Vgl. ebd.
[115] Vgl. Buono/Bowditch (1989), S. 165.

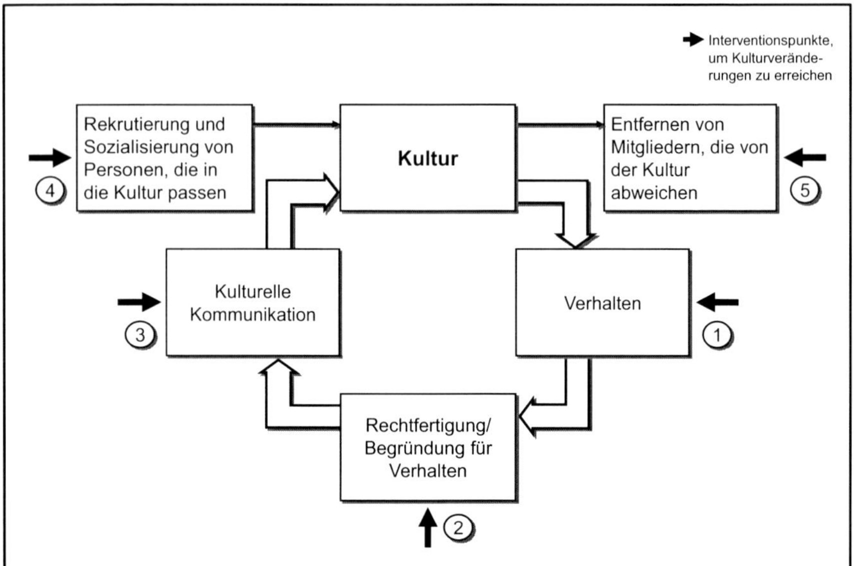

Quelle: Nach Sathe (1985), S. 385 und Buono/Bowditch (1989), S. 166.

Abbildung 17: Modell der Kulturveränderung

Die fünf Interventionspunkte um eine Kulturveränderung zu erreichen sind: [116]

- Erreichen von Änderungen im Verhalten durch klare Erwartungen und Leistungsstandards mit einer Belohnung von entsprechendem Verhalten,
- Rechtfertigung bzw. Begründung für das neue Verhalten durch eindeutige Erklärungen,
- Nutzung kultureller Kommunikation in Form von „Explicit Cultural Messages“ (Ankündigungen, Memos, Reden oder andere Formen der direkten Kommunikation) und „Implicit Cultural Messages“ (Rituale, Zeremonien, Geschichten, Logos und anderen symbolischen Aktionen),
- Einstellungen und Sozialisierung von neuen Mitarbeitern, bei denen ein Cultural Fit in Bezug auf die neue Kultur sichergestellt ist,
- Entfernung von Mitarbeitern, die sich dauerhaft gegen die Kulturveränderung wehren, wenn es keine andere Möglichkeit gibt.

[116] Vgl. Buono/Bowditch (1989), S. 165ff.

2.2.4 Integrationsansatz von CARTWRIGHT/COOPER

Mehr auf Unternehmenskulturen und weniger wie HOFSTEDE auf Landeskulturen richten CARTWRIGHT/COOPER ihren Integrationsansatz aus. Die „Culture Compatibility“[117] von zwei Organisationen wird anhand von vier Kategorien gemessen, die unterschiedliche Kulturtypen beschreiben:[118]

- *Power Cultures,*
- *Role Cultures,*
- *Task/Achievement Cultures,*
- *Person/Support Cultures.*

Die Autoren gehen davon aus, dass bei einem möglichst großen Cultural Fit von zwei Unternehmenskulturen anhand der beschriebenen Kategorien der Erfolg eines Mergers ebenfalls mit einer relativ hohen Wahrscheinlichkeit eintreten wird.[119]

Eine Power Culture weist eine stark zentralisierte Entscheidungsstruktur auf, wobei eine einzelne Person oder ein kleiner Personenkreis im Zentrum dieser Macht steht. Da es mit einem Wachstum häufig zu Machtteilungen kommt, findet sich dieser Kulturtyp eher in kleinen Unternehmen. In diesen Unternehmen stehen Loyalität und Tradition im Mittelpunkt. Zu einer Power Culture gibt es noch zwei Untergruppen. Bei einem patriarchalischen Typus resultiert die Macht aus dem Besitz des Unternehmens und dem Bemühen um dessen Fortbestand, wobei die Machtverteilung von den Mitarbeitern auch als legitim angesehen wird, da der Machtausübende einen beschützenden Einfluss ausübt. Bei einer Autocratic Power Culture sind Status und Position die Basis für die ausgeübte Macht und der persönliche Vorteil steht für den Machtausübenden vor einer Verpflichtung dem Unternehmen gegenüber.[120]

Bei der Role Culture eines bürokratischen Unternehmens stehen Logik, Rationalität und Effizienz in Mittelpunkt. Die klar definierten Rollen sind wichtiger als die Menschen im Unternehmen. Das Befolgen der Regeln und das Einhalten von klaren Prozessabläufen ist in diesen meist großen Unternehmen mit hochspezialisierten Arbeitsbereichen ein wichtiger Teil der Kultur.[121]

---

[117] Cartwright/Cooper (1996), S. 6.
[118] Vgl. Cartwright/Cooper (1996), S. 65ff.
[119] Vgl. Cartwright/Cooper (1996), S. 75.
[120] Vgl. Cartwright/Cooper (1996), S. 65ff
[121] Vgl. Cartwright/Cooper (1996), S. 67f.

Bei einer Task/Achivement Culture liegt das Hauptaugenmerk immer auf der zu lösenden Aufgabe. In einem solchen leistungsorientierten Unternehmen bestimmt die jeweilige Aufgabe auch deren Lösung. Dabei ist die Macht dezentral verteilt, die Teamarbeit steht im Vordergrund. Dieser Kulturtyp findet sich vor allem bei besonders jungen Unternehmen oder als Subkultur in einzelnen Unternehmensbereichen.[122]

Eine Person Support Culture zeichnet sich vor allem durch die Gleichheit aller Mitarbeiter aus. Die Weiterentwicklung des individuellen Mitarbeiters ist der wichtigste Faktor. Alle Entscheidungen in diesem dezentralisierten Unternehmen werden gemeinsam getroffen, alle Informationen sind für alle zugänglich. Eine Person Support Culture findet sich häufig bei non-profit Organisationen.[123]

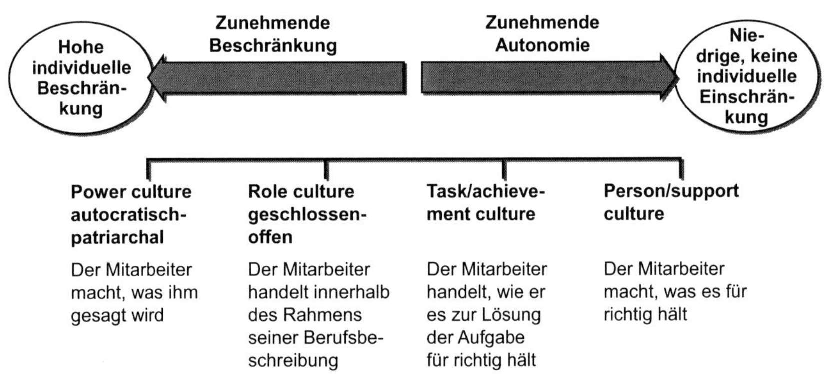

Quelle: Nach Cartwright/Cooper (1996), S. 80.

Abbildung 18: Verhältnis zwischen den Unternehmenskulturtypen

CARTWRIGHT/COOPER gehen in ihrem Modell davon aus, dass bei einem Merger die Kulturen der beteiligten Unternehmen nicht zwangsläufig gleich, aber unbedingt kompatibel sein sollten, um eine erfolgreiche Integration zu gewährleisten. Dabei komme es nicht so sehr auf die kulturelle Distanz als auf den Grad der Veränderung der Handlungsspielräume der Mitarbeiter an.[124]

[122] Vgl. Cartwright/Cooper (1996), S. 68f.
[123] Vgl. Cartwright/Cooper (1996), S. 69.
[124] Vgl. Stahl (2001), S. 65.

In der oben gezeigten Abbildung kann man sehen, dass wenn ein Unternehmen mit einer Task Culture eines mit einer Power Culture übernehmen würde, die Handlungsspielräume der übernommenen Mitarbeiter entsprechend erweitert werden würden und daher ein erfolgreicher Integrationsverlauf zu erwarten sei. Würde eine Akquisition im umgekehrten Fall durchgeführt werden, d.h. eine Task Culture wird von einer Power Culture übernommen, wäre durch die zu erwartenden Widerstände mit einem Scheitern der Integration zu rechnen.[125]

Auf dieser Basis entwickeln CARTWRIGHT/COOPER drei mögliche Integrationsformen:[126]

- Bei der Open Marriage ist das übernehmende Unternehmen mit der Unternehmenskultur des übernommenen Unternehmens einverstanden und diese wird nicht geändert. So bestehen beide Unternehmenskulturen unverändert parallel weiter, obwohl das übernehmende Unternehmen sich von Anfang an in einer dominanten Position befindet. An diesem Zustand ändert sich nichts, solange beim Akquisitionsziel die erwarteten wirtschaftlichen Erfolge eintreten.
- Findet eine Traditional Marriage statt, so ist das Käuferunternehmen nicht mit der Unternehmenskultur der übernommenen Organisation zufrieden und diese wird geändert. Dabei wird die Machtposition ausgenutzt und in einem radikalen Wechsel die fremde Kultur verändert.
- Im Rahmen einer Collaborative Marriage ist ein kultureller Austausch und die sich daraus ergebenden Synergien das Ziel der beiden Unternehmen. Beide Unternehmen sind willens, voneinander zu lernen. Dabei wird versucht, eine Drittkultur zu erschaffen und das jeweils Positive beider Unternehmenskulturen zu übernehmen. Dieses Erschaffen einer „Best of Both Worlds“-Kultur ist nach Meinung von CARTWRIGHT/COOPER nur möglich, wenn ein hoher Grad von Kulturähnlichkeit vorhanden ist. Bei zu unterschiedlichen bzw. nicht kompatiblen Kulturen sei ein Integrationserfolg – insbesondere innerhalb eines kurzen Zeitraumes – sehr unwahrscheinlich.[127]

2.2.5 Akkulturationsmodell von NAHAVANDI/MALEKZADEH

In ihrem Modell kombinieren NAHAVANDI/MALEKZADEH Wissen aus der Kulturanthropologie und der kulturvergleichenden Psychologie über den Umgang von Gruppen und

---

125 Vgl. Cartwright/Cooper (1996), S. 79ff.
126 Vgl. Cartwright/Cooper (1996), S. 76ff.
127 Cartwright/Cooper (1996), S. 91.

Individuen mit anderen Kulturen.[128] Akkulturation ist für die Autoren ein Vorgang, bei dem zwei Gruppen Herausforderungen und Konflikte lösen, die aus ihrem Miteinander-in-Kontakt-treten entstehen,. Aus diesem Kontakt resultieren in beiden Kulturen Veränderungen, die in vier Möglichkeiten der Akkulturation beschrieben werden:[129]

- Integration,
- Assimilation,
- Separation,
- Deculturation.

Integration findet statt, wenn ein übernommenes Unternehmen die eigene Kultur behalten möchte und das übernehmende Unternehmen die dazu notwendige Unabhängigkeit und Freiheit gewährt. Dabei behalten beide Unternehmen ihre kulturelle Identität, das übernommene Unternehmen zeigt sich gleichzeitig aber Willens, in die Strukturen des übernehmenden Unternehmens eingebunden zu werden. So führt die Integration zu Veränderungen in den Kulturen beider Gruppen, wobei ein Austausch in beide Richtungen stattfindet, da keine Gruppe versucht, die andere zu dominieren.

Die Assimilation ist im Vergleich zur Integration ein unilateraler Prozess. Dabei wird von einem Unternehmen – meist im übernommenen – die andere Kultur adaptiert und die eigene aufgegeben. Während der Integrationsphase findet eine vollständige kulturelle und strukturelle Assimilation statt. Diese Form der Akkulturation findet häufig statt, wenn das assimilierte Unternehmen wirtschaftlich erfolglos war und eine besonders schwache Unternehmenskultur besaß.

Bei der Separation gibt es keinerlei kulturellen Austausch. Das übernehmende Unternehmen wird lediglich als eine Art Holding betrachtet, die keinen Einfluss auf die Kultur des übernommenen Unternehmens ausübt. Meist ist dies der Fall, wenn das übernommene Unternehmen eine besonders ausgeprägte und erfolgreiche Unternehmenskultur besitzt und diese keinesfalls ändern möchte. Eine solche gegenseitige Unabhängigkeit erschwert gleichzeitig auch die Integration.

Die letzte Form der Akkulturation ist die Deculturation. Dabei wird die Unternehmenskultur des übernommenen Partners von dessen Mitarbeitern als so schlecht angesehen, dass sie diese nicht mehr haben wollen. Gleichzeitig wird jedoch auch die neue

---

[128] Vgl. Nahavandi/Malekzadeh (1988).
[129] Vgl. Nahavandi/Malekzadeh (1993), S. 59f.; Nahavandi/Malekzadeh (1988), S. 82f.

Kultur des übernehmenden Unternehmens abgelehnt, so dass das Unternehmen letztendlich keine Kultur mehr besitzt, was zu Entfremdungen und Identitätsverlust führt.

Abhängig von den Präferenzen der jeweiligen Unternehmen ist die Wahl der Akkulturationsform an vier Faktoren gebunden. Die Präferenz des übernommenen Unternehmens ergibt sich aus der Stärke bzw. Schwäche der eigenen Unternehmenskultur und der Attraktivität der Kultur des übernehmenden Unternehmens. Beim Käuferunternehmen ergibt sich die Präferenz aus der strategischen Zielorientierung sowie der Frage, ob die Unternehmenskultur eher unikulturell oder multikulturell geprägt ist.[130]

Die Schaubilder 19 und 20 stellen das Modell bildlich dar.

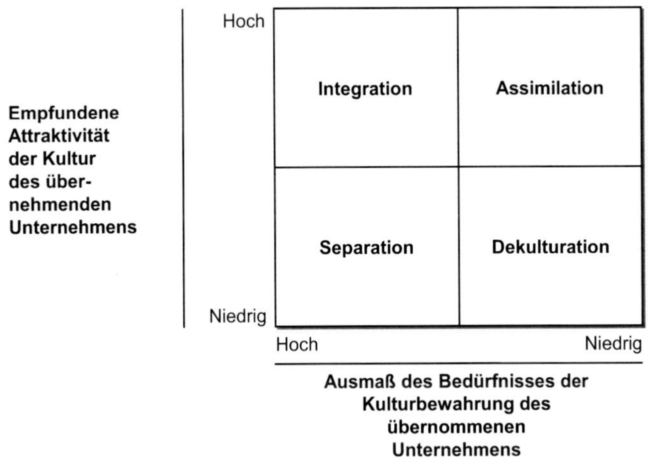

Quelle: Nach Nahavandi/Malekzadeh (1988), S. 83.

Abbildung 19: Akkulturationsmodell nach NAHAVANDI/MALEKZADEH Teil 1

Für die Autoren ist entscheidend für den Integrationserfolg, dass die jeweils präferierte Akkulturationsform der beiden Unternehmen übereinstimmt. Für nicht wichtig halten die Autoren die Ähnlichkeit der jeweiligen Unternehmenskulturen.[131]

[130] Vgl. Nahavandi/Malekzadeh (1988), S. 83f.
[131] Vgl. Nahavandi/Malekzadeh (1993), S. 76.

Die Kritik an diesem Modell bezieht sich einerseits darauf, dass nur Unternehmenskulturen nicht aber – zumindest nicht explizit – Landeskulturen in das Modell mit einfließen. Weiterhin scheint es schwierig, dass beide Unternehmen sich definitiv für eine klare Form der Akkulturation entscheiden.

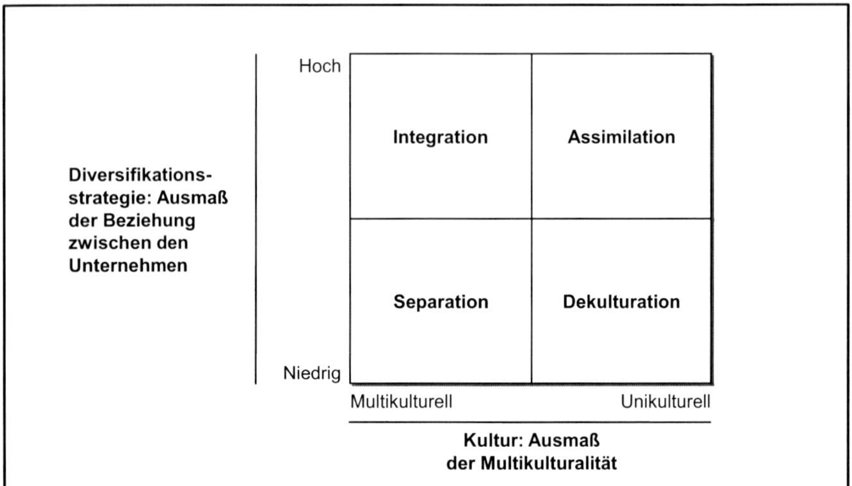

Quelle: Nach Nahavandi/Malekzadeh (1988), S. 84.

Abbildung 20: Akkulturationsmodell nach NAHAVANDI/MALEKZADEH Teil 2

2.2.6 Modell der dynamischen Merger Instabilität VON OLIE

Anlehnend an das Akkulturationsmodell von NAHAVANDI/MALEKZADEH entwickelt OLIE ein Modell zur Integration von Unternehmenskulturen nach M&A-Transaktionen. Das Integrationsmodell soll sowohl für Fusionen als auch für Akquisitionen gültig sein und deckt auch die Landeskultur der jeweiligen Partner – nicht nur deren Unternehmenskultur – ab.[132]

Wie stark die kulturellen und personellen Konflikte während der Integration sind, lässt sich in diesem Modell an drei Faktoren festmachen:[133]

- Intensitätsgrad der Integration,
- Art des kulturellen Austausches,

[132] Vgl. Olie (1990).
[133] Vgl. Olie (1990), S. 207ff.

- Wertschätzung der eigenen kulturellen Identität und Attraktivität der fremden Kultur.

Die Integrationsintensität reicht dabei von niedrig (z.B. nur Angleichung finanzieller Systeme) bis zu sehr hoch (komplette operationale Integration mit erheblichen kulturellen Veränderungen). Dabei sieht OLIE mit einer wachsenden Integrationsintensität und damit einhergehenden Veränderungen auch einen erhöhten Widerstand gegen diese Veränderungen bei den Betroffenen.[134] Bei der Art des kulturellen Austausches wird unter Bezug auf die vier Akkulturationsformen von NAHAVANDI/MALEKZADEH speziell die Machtverteilung im Rahmen eines solchen kulturellen Austausches berücksichtigt, wobei zwischen einer Kooperation mit einem niedrigen Machtgefälle und der Domination mit einem hohen Machtgefälle unterschieden wird.[135] Die Wertschätzung der eigenen kulturellen Identität und die Attraktivität der fremden Kultur wird in diesem Modell aus Sicht sowohl des übernehmenden als auch des übernommenen Unternehmens berücksichtigt. Dabei wird besonders auf zu erwartenden Probleme hingewiesen, falls bei einer feindlichen Übernahme eine unattraktive fremde Kultur übernommen werden muss.[136] Innerhalb seines Modells unterscheidet der Autor zwischen vier verschiedenen Arten von M&A:[137]

Die Portfolio-Akquisition weist ein geringes Machtgefälle und eine niedrige Integrationsintensität auf. Es kommt nur zu geringen kulturellen Konflikten, da das Käuferunternehmen nur einen minimalen Einfluss auf das übernommene Unternehmen ausübt.

Mit einer hohen Integrationsintensität und einem niedrigen Machtgefälle beschreibt OLIE einen Merger. Diesen Zusammenschluss zweier Unternehmen, die beide mit erheblichen Veränderungen konfrontiert werden, sieht der Autor als besondere Herausforderung an, da eine „Drittkultur" geschaffen werden müsse. Insbesondere die potentiell mangelnde Zustimmung des mittleren Managements sowie der übrigen Mitarbeiter, die nicht direkt am Entscheidungsfindungsprozess beteiligt waren, seien problematisch.

Bei einer Redesign-Akquisition ist die Integrationsintensität relativ niedrig. Der Käufer ist jedoch dominant und übt einen starken Einfluss auf das gekaufte Unternehmen aus, etwa durch einen Austausch des Managements. Ziel dieses Akquisitionstyps ist nicht primär die Erreichung von Synergien sondern eher eine Diversifikation.

---

[134] Vgl. Olie (1990), S. 207.
[135] Vgl. Olie (1990), S. 207f.
[136] Vgl. Olie (1990), S. 209.
[137] Vgl. Olie (1990), S. 208f.

Bei der Absorption-Akquisition steht die Erreichung von Synergieeffekten im Vordergrund. Das Käuferunternehmen ist dominant und die Integrationsintensität ist sehr hoch. Bei dieser Art von M&A, die vor allem bei horizontalen Akquisitionen vorkommt, gibt es die deutlichste Differenz in der Machtverteilung zwischen den beiden Unternehmen.

Die folgende Abbildung zeigt das Modell von OLIE, wobei die vier beschriebenen M&A-Formen sich unter dem Begriff der Initialkonfiguration wieder finden.

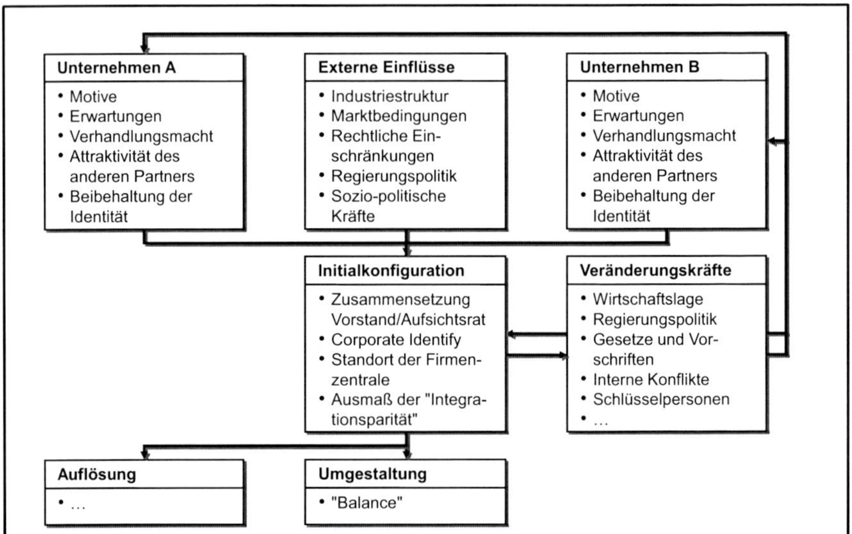

Quelle: Nach Olie (1990), S. 212.

Abbildung 21: Modell der dynamischen Merger Instabilität von Olie

Insbesondere die Unternehmenskultur, aber anders als bei NAHAVANDI/MALEKZADEH auch die jeweilige Landeskultur, spielt für OLIE als Erfolgsvariable eine Rolle. Besonders beim internationalen Merger werden potentielle Kulturkonflikte gesehen, da nach OLIES Meinung ohne eine dominante Kultur kein geeigneter Rahmen für eine Integration gegeben ist. So müsse als Lösungsweg eine Drittkultur entwickelt werden.[138] Basierend auf dieser Erkenntnis entwickelt der Autor sein Modell der Merger Instabilität, wobei OLIE für einen grenzüberschreitenden Merger besonders die Gleichberechtigung beider Partner in den Mittelpunkt stellt um Konflikte zu vermeiden. Zusätzlich erfolgt der Hin-

[138] Vgl. Olie (1990), S. 210.

weis, dass solch ein Integrationsprozess eher Jahre als Monate dauern kann. Dabei ist ein Erfolg zusätzlich auch von externen Faktoren abhängig.[139]

2.2.7 Prozessorientierte Post Merger Integration nach STAHL

Für eine prozessorientierte Betrachtung der Post Merger Integration plädiert STAHL.[140] STAHL kommt nach einer Analyse der Modelle von NAHAVANDI/ MALEKZADEH, OLIE und CARTWRIGHT/COOPER zu dem Schluss, dass diese während des Integrationsverlaufes potentiell erfolgsrelevante Faktoren vernachlässigen.[141] Basierend auf dieser Erkenntnis stellt STAHL drei Thesen auf:[142]

- „These 1: Die Ausgangsbedingungen bei M&As haben eine geringe Vorhersagekraft für den Ablauf und Ausgang der sozio-kulturellen Integration",
- „These 2: Eine Vereinheitlichung der Kulturen ist nicht in allen Fällen erstrebenswert",
- „These 3: Kulturunterschiede stellen nicht nur Risiken sondern auch Chancen dar".

In Erläuterung der ersten These stellt STAHL fest, dass im Laufe des Integrationsprozesses eine Vielzahl von Faktoren wirksam werden, die eine unvorhergesehene Eigendynamik entwickeln können und so bei nicht adäquater Steuerung den Prozess scheitern lassen könnten. Neben den Merkmalen der Ausgangskonfiguration, wie Strategie, wirtschaftliche Gesundheit oder Akquisitionserfahrung der Unternehmen, sollten auch Prozessvariablen wie ein freundliches bzw. feindliches Verhandlungsklima, Ausmaß und Art der Kontrolle oder bestehende Sozialisationsmaßnahmen, berücksichtigt werden. Weitere zu berücksichtigende Prozessvariablen sind Aufgabenteilung, Veränderungsdynamik, Verhaltensunsicherheit sowie die Tendenz zur Anwendung dysfunktionaler Kontroll- und Steuerungssysteme. Während des Integrationsprozesses entsteht durch diese Faktoren eine erhebliche Komplexität und Dynamik, was dazu führt, dass eine Integration von Unternehmenskulturen stark von den von STAHL vorher untersuchten Integrationsformen abweichen und sich nicht klar einer Typologie zuordnen lassen. Der kulturelle Wandel verlaufe vielmehr diskontinuierlich und als dynamischer Prozess. Daher müsse zusätzlich zur Analyse der Ausgangsbedingungen eine Betrachtung der Einflussfaktoren im Integrationsverlauf erfolgen. So können lt. STAHL Erkenntnisse für

---

[139] Vgl. Olie (1990), S. 214f.
[140] Vgl. Stahl 2001.
[141] Vgl. Stahl (2001), S. 66.
[142] Vgl. Stahl (2001), S. 67ff.

die Integrationsgestaltung gewonnen werden, die über die Erklärungsansätze der Akkulturations- und Culture Fit-Modelle hinausgehen.[143]

Zu seiner zweiten These führt STAHL aus, dass der auf eine Fusion folgende Akkulturationsprozess nicht zwangsläufig konflikthaft verlaufen muss und nicht zwangsläufig mindestens ein Unternehmen seine Unternehmenskultur aufgeben bzw. erhebliche Veränderungen der Unternehmenskultur hinnehmen muss. Insbesondere bei internationalen M&A sei bedingt durch die Prägung durch die Landeskulturen kaum das Erreichen einer gemeinsamen Unternehmenskultur möglich und auch nicht Voraussetzung für einen Integrationserfolg. Bestimmte kulturelle Unterschiede sollten nicht angetastet werden, da diese durchaus Chancen bieten – wie in der folgenden These beschrieben.[144]

Bezüglich seiner dritten These erläutert STAHL, dass Kulturunterschiede nicht von vorneherein ein Misserfolgsfaktor für den Integrationsprozess sein müssen, sondern auch Erfolgschancen bieten. Dabei sei der Umgang mit der kulturellen Andersartigkeit entscheidend. Basierend auf der Gruppenforschung könne bei einer kulturellen Heterogenität ein großes Synergiepotential ausgeschöpft werden. Dies sei im Rahmen einer gleichberechtigten Partnerschaft, in der kulturelle Unterschiede respektiert werden und das Lernen voneinander im Mittelpunkt steht, möglich. Dies stelle allerdings das Integrationsmanagement vor eine erhebliche Herausforderung.[145]

Basierend auf seinen drei Thesen entwickelt STAHL einen Maßnahmenkatalog zur Integrationsgestaltung, der in der folgenden Abbildung wiedergegeben wird.

In der Phase vor dem Merger stehen die strategischen Vorüberlegungen, die Auswahl eines geeigneten Partners und die Integrationsplanung im Zentrum. Während des eigentlichen Mergers wird die interne Kommunikation in den Mittelpunkt gerückt und in der Post Merger Phase sollen die Maßnahmen den Integrationsprozess sowie die Zusammenarbeit der Organisationen verbessern. Berücksichtigt werden hier besonders die Unterschiede in den jeweiligen Landeskulturen.

143 Vgl. Stahl (2001), S. 67f.
144 Vgl. Stahl (2001), S. 68f.
145 Vgl. Stahl (2001), S. 69f.

	Premerger Phase	Merger Phase	Postmerger Phase
Ansatz-punkte/ Maß-nahmen	• **Diagnose der Unternehmenskultur des Partners ("cultural due dilligence")** – Symbole, Rituale, Helden; Geschäftszweck, Erfolgsmaßstäbe, kognitive Strukturen, Entscheidungsstrukturen, Arbeits- und Kommunikationsstil usw. • **Informationen über das Außenbild des Partners** – Firmenimage, Kundenzufriedenheit, Servicequalität usw. • **Informationen über Interna** – Betriebsklima, Mitarbeiterzufriedenheit, Fluktuation usw. • **Informationen über Länder- und Kulturunterschiede** – Politische Rahmenbedingungen, rechtliche Divergenzen usw.; Sprach- und Kommunikationsbarrieren; Unterschiede im Problemlöse-, Kommunikations- und Führungsstil usw.; kulturspezifisches Zeitkonzept; Machtdistanz, Individualismus, Maskulinität, Unsicherheitsvermeidung usw.	• **Interne Kommunikationsmaßnahmen** – Einrichtung einer Informationsstelle, Rundbriefe der Geschäftsleitung, Verteilung von "Frage-und-Anwort-Bögen"*, Herausgabe einer "Fusions-Zeitung", Vorstellung des Partners auf Plakaten oder in Broschüren usw. • **Aufklärung durch Linienvorgesetzte** – Vermittlung fusionsbezogener Informationen und Beruhigung der Mitarbeiter in Abteilungsbesprechungen, persönlichen Gesprächen usw. • **Fusions-Workshops** – Informationsvermittlung, Erarbeitung von Unternehmensleitsätzen, Einleitung von Reflexionsprozessen über die eigene Kultur und die Kultur des Partnerunternehmens usw. • **Landes-/kulturbezogene Informationen** – Vorträge über Sitten und Gebräuche im Partnerland, Filme über die Landeskultur, Informationsblätter, Vorstellung landesüblicher Gerichte in der Kantine usw.	• **Mitarbeiterbefragungen** – Unternehmenskultur (-wandel); Zufriedenheit, Identifikation, Stress; Einstellungsänderungen gegenüber dem Zusammenschluss bzw. Partner usw. • **Integrations-Workshop** – Erarbeitung von Vorschlägen für die Integrationsgestaltung, Reflexion über Veränderungen der Unternehmenskultur usw. • **Training sozialer Kompetenz und Teamentwicklung** – Entwicklung von Empathie, Einübung von Verhaltungsstrategien in Konfliktsituationen; Führung von Teams usw. • **Interkulturelles Training und Coaching** – Kontrastive Kulturanalysen, Abbau von Vorurteilen, interkulturelle Kommunikation, divergierende Führungsstile usw. • **Internationale Teamentwicklung** – Entscheidungs-/Problemlösungsprozesse in anderen Kulturen, Konfliktmanagement, metakommunikative Strategien usw.
Haupt-adressaten	• Führungskräfte	• Mitarbeiter	• Führungskräfte • Mitarbeiter
Ziel-ebenen	• Kognitiv	• Kognitiv • Affektiv	• Kognitiv • Affektiv • Verhaltensbezogen

Quelle: Nach Stahl (2001), S. 71.

Abbildung 22: Maßnahmen zur Integrationsgestaltung von Stahl

2.2.8 „Value-in-Diversity"-Ansatz

Basierend auf den Hypothesen von COX und MCLEOD et al. erläutert STROHMER den „Value-in-Diversity"-Ansatz.[146] Dabei wird die Ansicht vertreten, dass eine Gruppe, die kulturell heterogen ist, bezüglich Entscheidungsfindung, Problemlösung und kritischer Analyse eine höhere Leistungsfähigkeit aufweist und langfristig bessere Ergebnisse erzielen kann.[147] Zu einem ähnlichen Ergebnis kommen LARSSON/RISBERG, die in einer Untersuchung von landes- und unternehmenskulturellen Kulturunterschieden feststellten, dass M&A-Transaktionen mit großen Kulturunterschieden die stärksten Synergieeffekte ermöglichten.[148] Somit plädiert STROHMER dafür, evtl. Kulturunterschiede nicht von vorneherein als „Integrationserfolgsvernichter" anzusehen, sondern – ohne eine einheitliche Kultur schaffen zu wollen – das Augenmerk auf ein Erzielen von Synergien durch Heterogenität zu erreichen.[149]

---

146 Vgl. Cox (1994); McLeod et al. (1996) und Strohmer (2001), S. 124.
147 Vgl. Strohmer (2001), S. 124.
148 Vgl. Larsson/Risberg (1998), S. 47ff.
149 Vgl. Strohmer (2001), S. 126ff.

2.2.9 Vergleich und kritische Würdigung der Ansätze

Alle betrachteten Ansätze sehen Unterschiede in Unternehmens- bzw. Landeskulturen als eine potentielle Barriere für eine erfolgreiche Integration an und versuchen, diesem Problem zu begegnen. Dabei setzten die jeweiligen Modelle unterschiedliche Schwerpunkte.

MÜNCHS Theorie der Handlungsräume birgt die Gefahr, innerhalb dieses starren Modells in ein „Kästchendenken" zu verfallen. Wie auch bei HOFSTEDES Fünf-Kultur-Dimensionen ist das Modell relativ grobrastrig und kann so zu starken Generalisierungen verleiten. Für eine Integration nach dem erfolgten Zusammenschluss ist MÜNCHS Theorie durchaus als eines der unterstützenden Werkzeuge zum Einordnen der Unternehmen als Basis für die Erstellung einer Integrationsstrategie geeignet.

Nicht zuletzt aufgrund der Aufwendigkeit seiner Studie zählt HOFSTEDES Kulturanalysemodell zu den Grundlagen der kulturvergleichenden Managementforschung. Allerdings weist das Modell auch Schwachpunkte auf, etwa die recht unpräzise Einteilung und das teilweise kulturbewertende Vorgehen. Es besteht die Gefahr einer Übergeneralisierung, da man auf einer makroanalytischen Ebene lediglich abstrakte Durchschnittswerte erhält, von denen Rückschlüsse auf ein jeweiliges Individuum und dessen alltagskulturelles und interkulturelles Handeln nicht möglich sind. Die Nutzung der Kulturdimensionen kann zur Stereotypenbildung beitragen, da durch die allein deskriptive, in keinem Fall aber erklärende Funktion der Dimensionen kulturelle Besonderheiten zwar wahrgenommen, häufig aber nicht verstanden werden. Weiterhin können durch die Arbeit in diesem vorgegebenen Modell kulturelle Eigenschaften unberücksichtigt bleiben, wenn diese nicht Teil der Fünf-Kultur-Dimensionen sind.[150]

In seiner Kritik an HOFSTEDE führt BOLTEN die „rätselhaften Erfolge" des Modells auf dessen Einfachheit und den Wunsch nach einer simplen Klassifizierungsmöglichkeit zurück.[151] Insbesondere das Alter der grundlegenden Befragungsergebnisse (1968 bis 1972) spreche gegen eine unkritische Verwendung des Kulturanalysemodells, da z.B. Informationen bezüglich der asiatischen Kulturen bedingt durch kulturelle Wandlungsprozesse heute stark irreführend sein könnten.[152] Unter Berücksichtigung der aufgeführten Problemfelder kann HOFSTEDES Modell dennoch insbesondere in der Phase vor dem Merger als Orientierungshilfe dienen und auch beim Erstellen einer Integrationsplanung hilfreich sein.

---

150 Vgl. Bolten (2003b), S. 3.
151 Vgl. Bolten (2003b), S. 4.
152 Vgl. ebd.

In ihren Akkulturations- bzw. Culture Fit-Modellen gehen die Autoren BUONO/ BOWDITCH, CARTWRIGHT/COOPER, NAHAVANDI/MALEKZADEH und OLIE davon aus, dass die für eine erfolgreiche kulturelle Integration entscheidenden Faktoren der kulturellen Integration im Vorfeld der Transaktion festzustellen und zu berücksichtigen sind. STAHL weißt darauf hin, dass die Akkulturations- und Culture Fit-Modelle kaum auf Faktoren, die im Integrationsverlauf auftreten, Rücksicht nehmen, da vor allem eine Analyse der Ausgangsbedingungen durchgeführt wird und übt weiterhin Kritik an der Statik der Modelle.[153] Trotz der aufgeführten Kritikpunkte haben die beschriebenen Ansätze, insbesondere das Modell der Kulturkompatibilität von CARTWRIGHT/COOPER, ihre Daseinsberechtigung. Gerade in der Pre Merger-Phase können sie den Entscheidern als wichtige Werkzeuge zur Orientierung über potentielle kulturelle Integrationsprobleme dienen. Auch für die Planung einer Integrationsstrategie können sie hilfreich sein, ein konkretes Vorgehen geben die Modelle dafür jedoch nicht vor.

Auf Basis seiner Kritik an den vorher genannten Modellen entwickelt STAHL seine prozessorientierte Betrachtung unter Berücksichtigung der Pre Merger-, Merger- und Post Merger-Phase auszeichnet. Dies scheint ein fortschrittlicherer, weil ganzheitlicherer Ansatz zu sein. Dennoch sind Stahls zu Grunde liegende Thesen durchaus diskussionswürdig. Insbesondere die erste These über die geringe Vorhersagekraft der Ausgangsbedingungen bezüglich des sozio-kulturellen Integrationserfolgs ist offensichtlich angreifbar, zumal auch der Autor in seinem Konzept der Pre Merger Phase große Aufmerksamkeit schenkt und etwa im empirisch gut belegten Integrationsmodell von CARTWRIGHT/COOPER ein gegenteiliges Ergebnis erreicht wird.[154] Richtig ist, dass eine genaue Gewichtung der Bedeutung der Ausgangsfaktoren gegenüber denen während des Integrationsverlaufs auftretenden Faktoren kaum vorzunehmen ist.

Aufbauend auf STAHLS Thesen, dass eine Vereinheitlichung der Kulturen nicht immer erstrebenswert ist und kulturelle Unterschiede auch Chancen bieten, entwickelt STROHMER seinen „Value-in-Diversity“-Ansatz, der versucht kulturelle Heterogenität als Möglichkeit zur Synergienerreichung zu nutzen. Dieser Ideen ist sicherlich fallabhängig zuzustimmen, doch könnte dies umgekehrt zu einer Übersimplifizierung des Integrationsansatzes führen und ist somit sicher nicht in allen Situationen anwendbar. Sowohl STAHL als auch STROHMER leisten einen neuen Beitrag zur Forschung über sozio-kulturelle Integrationsgestaltung, doch fehlen auch in diesen beiden Ansätzen größtenteils konkrete Umsetzungsschritte für die Praxis.

[153] Vgl. Stahl (2001), S. 66.
[154] Vgl. Cartwright/Cooper (1996).

Insgesamt lässt sich feststellen, dass keiner der Ansätze die *ultima ratio* bietet, insbesondere eine praxisrelevante Umsetzbarkeit in eine Integrationsstrategie für Unternehmenskulturen ist in den Integrationsmodellen kaum abzuleiten, doch haben alle Ansätze bestimmte Inhalte, die zu berücksichtigen es sich lohnt.

2.3 Exkurs: Cultural Due Diligence

Wenn auch in streng betriebswirtschaftlichen Veröffentlichungen häufig kritisiert, so ist die Cultural Due Diligence doch ein in der aktuellen Forschung präsentes Thema, das in diesem Exkurs kurz beleuchtet werden soll.[155] Wie im theoretischen und empirischen Teil dieser Arbeit gezeigt wird, kann es durch eine Nichtbeachtung von Kulturunterschieden durchaus zu erheblichen Problemen im Rahmen eines Integrationsprozesses kommen bis hin zum Scheitern der Transaktion. Aufgrund diese Tatsache wurde der Versuch unternommen, durch eine Bestimmung der jeweiligen Unternehmenskulturen schon während der Transaktionsphase – bevor es zum Vertragsabschluss kommt – potenzielle kulturelle Differenzen festzustellen.[156] Ziel dabei ist es, den möglichen Aufwand, der aus diesen Differenzen entstehen könnte, zu quantifizieren und diese Informationen bei der Kaufpreisbestimmung zu nutzen. Dabei ist natürlich essenziell, die Unternehmenskulturen sowohl vom Akquisitionssubjekt als auch vom Akquisitionsobjekt aufzunehmen und zu bewerten. Weiterhin sollte unter Berücksichtigung der strategischen Ziele der Transaktion eine künftige gemeinsame Kultur festgelegt werden. Gleichzeitig muss ein Maßnahmenpaket zur Erreichung dieser gemeinsamen Kultur erarbeitet werden. Erscheinen die Maßnahmen zu aufwendig oder zu kostenintensiv, sollte dieses Wissen die Kaufentscheidung beeinflussen. Kritik an der kulturellen Due Diligence wird hauptsächlich geübt, indem auf die Schwierigkeiten bei der Messung von Kultur hingewiesen wird.[157] Um diesen Schwierigkeiten bei der Messbarkeit zu begegnen, kann eine vergleichende Bewertung der Unternehmenskulturen der Transaktionspartner stattfinden. Die dafür notwendigen Daten können durch Dokumentenanalyse, Verhaltensbeobachtung, Befragung von Mitarbeiterin und Führungskräften sowie eine visuelle Bestandsaufnahme erfolgen.[158] Die aktuell wichtigsten Ansätze zur Messung von Unternehmenskulturen sollen im Folgenden kurz dargestellt werden.

---

155 Vgl. etwa Jansen (2001), S. 231 und Steinle et al. (2010), S. 253ff.
156 Vgl. Scott (2001), S. 175.
157 Vgl. Jansen (2001), S. 231f.
158 Vgl. Wache (1995), S. 122.

2.3.1 Das Culture Web

Mit diesem Werkzeug werden die offensichtlichen und beobachtbaren Formen, in denen sich eine Unternehmenskultur ausdrückt, aufgenommen. Die zu diesem Zweck vorher festgelegten Kriterien, wie etwa die Anzahl von Hierarchieebenen werden bei beiden Unternehmen untersucht und grafisch dargestellt. So können zumindest überblicksartig kulturelle Unterschiede festgestellt und deutlich gemacht werden. Siehe dazu die folgende Abbildung:[159]

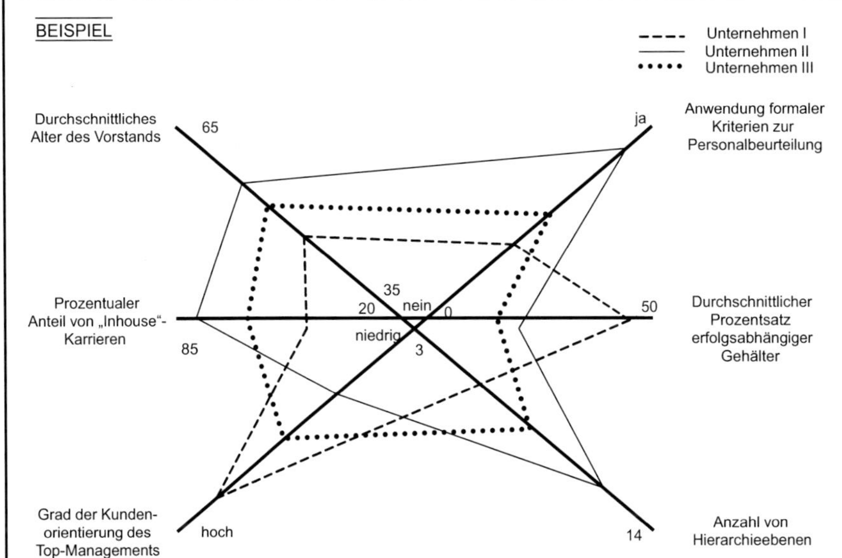

Quelle: Nach Jung (1993), S. 202.

Abbildung 23: Beispiel Culture Web

2.3.2 Kulturprofile

Im Gegensatz zum vorher beschriebenen Culture Web werden bei der Untersuchung der Kulturprofile nicht nur die offensichtlichen sondern auch jene Werte betrachtet, auf denen diese Unternehmenskultur basiert. Durch eine Determinanten-Checkliste werden

[159] Vgl. Jung (1993), S. 202.

Wertepolaritäten im jeweiligen Unternehmen untersucht und festgelegt, um daraus ein vergleichbares Kulturprofil zu erstellen, wie die folgende Abbildung zeigt:[160]

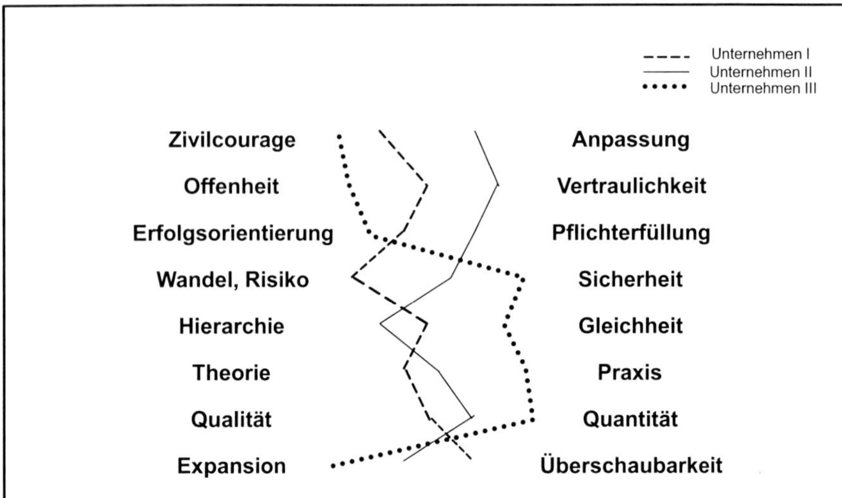

Quelle: Nach Jung (1993), S. 204.

Abbildung 24: Beispiel Kulturprofile

So ist, wenn denn die Determinanten als messbar angenommen werden, eine Vergleichbarkeit und auch die Möglichkeit, eine Empfehlung bezüglich des Cultural Fit auszusprechen, gegeben.

2.3.3 Kulturtypologie

Dem Ansatz, die Kulturen in gröbere Typologien einzuteilen, folgen etwa DEAL/ KENNEDY, in dem sie vier verschiedene Kulturtypen unterscheiden:[161]

- Alles-oder-Nichts-Kultur,
- Brot-und-Spiele-Kultur,
- analytische Projektkultur,
- Prozesskultur.

---

[160] Vgl. Neuberger/Kompa (1987), S. 65ff. und Jung (1993), S. 202.
[161] Vgl. Deal/Kennedy (1982) und Cartwright/Cooper (2002), S. 63.

Individualisten, denen einzig der Erfolg etwas zählt, die dabei aber auch ein erhebliches wirtschaftliches Risiko tragen müssen, stehen bei der Alles- oder Nichts-Kultur im Mittelpunkt. Die Brot- und Spiele-Kultur ist deutlich nach außen hin orientiert, was mit einem freundlichen und aktiven Auftreten unterstrichen wird, um Anerkennung zu erlangen. Im Rahmen der analytischen Projektkultur wird versucht, durch detaillierte Analysen jede Art von Fehler zu vermeiden. Dabei herrscht ein sehr hierarchisches System vor. Wie der Name schon sagt, liegt bei der Prozesskultur der Fokus auf dem Prozess und nicht so sehr auf dem Ziel. Innerhalb der auch hier bestehenden stark hierarchischen Struktur versuchen die Mitarbeiter möglichst nicht aufzufallen.[162]

Mit diesem Ansatz ist es durch das sehr grobe Raster und die Dynamik einer Kultur allerdings sehr schwer eine sinnvolle Empfehlung zum Cultural Fit auszusprechen.

2.3.4 Cultural Due Diligence Konzept von STRÄHLE

STRÄHLE schlägt in seiner aktuellen Arbeit zur Cultural Due Diligence folgende Definition des Begriffs vor: „Eine Cultural Due Diligence ist (a) ein prozeßinduziertes (b) holistisches Vorgehen, bei dem (c) die Unternehmenskultur(en) eines oder mehrerer Unternehmen im Rahmen eines M&A mit dem Ziel untersucht werden, (d) wechselseitige kulturelle Auswirkungen abzuschätzen und somit (e) kurz- und langfristig orientierte kulturelle Maßnahmen zur erfolgreichen Gestaltung der Transaktion zu entwickeln.“[163]

Aufbauend auf dieser Definition entwickelt STRÄHLE ein Konzept für eine prozeßinduzierte holistische Cultural Due Diligence mit den drei Phasen Pre-, Main- und Post-Cultural Due Diligence, das in der folgenden Abbildung wiedergegeben wird:[164]

In Phase eins findet eine eingehende kulturelle Bestandsaufnahme des eigenen Unternehmens als Basis für das weitere Vorgehen statt, mit einer Betrachtung von Strategie, Organisation, Personal, rechtlichen Aspekten und Finanzen. Weiterhin werden das Wettbewerbs- und Akquisitionsumfeld untersucht, um ein ganzheitliches Bild des Unternehmens zu erhalten. Auf dieser Basis findet die Kulturanalyse statt, indem nach den Artefakten auf die darunter befindlichen Ebenen geschlossen wird. So kann dann eine Entscheidung für oder gegen ein nicht-organisches Wachstums getroffen werden bzw. nach dem Prinzip der rollierenden Integrationsplanung schon die ersten Integra-

[162] Vgl. ebd.
[163] Strähle (2003a), S. 215.
[164] Vgl. Strähle (2003a), S. 256.

tionsüberlegungen mit Rücksicht auf die kulturellen Besonderheiten des eigenen Unternehmens angestellt werden.[165]

Mit einem daraus resultierenden Anforderungsprofil für die Targetselektion können in der zweiten Phase potentielle Ziele ausgewählt werden. Weiterhin können potentielle kulturelle Deal Breaker identifiziert sowie Integrationskosten erhoben werden. Diese Ergebnisse tragen zur Analyse des Cultural Fit und somit auch zur Unternehmensbewertung bei.[166]

In der dritten Phase werden die gewonnenen Erkenntnisse aus der Main-Cultural Due Diligence für die folgende Integrationsplanung und Maßnamenentwicklung genutzt und für ein langfristiges Kulturmanagement eingesetzt.[167]

Strähle hält fest, dass die einzelnen Phasen aufeinander aufbauen und miteinander verzahnt sind und deshalb nicht voneinander getrennt betrachtet werden können. Weiterhin weist er darauf hin, dass die verantwortlichen Mitglieder des Cultural Due Diligence-Teams nach ihrer kulturellen Kompetenz ausgewählt werden sollten und diese gleichzeitig dafür verantwortlich sind, dass auch bei anderen beteiligten Mitarbeitern oder Externen eine ausreichende Sensibilisierung für die Kulturthematik stattfindet.[168]

---

165 Vgl. Strähle (2003a), S. 253f.
166 Vgl. Strähle (2003a), S. 254.
167 Vgl. Strähle (2003a), S. 254f.
168 Vgl. Strähle (2003a), S. 253.

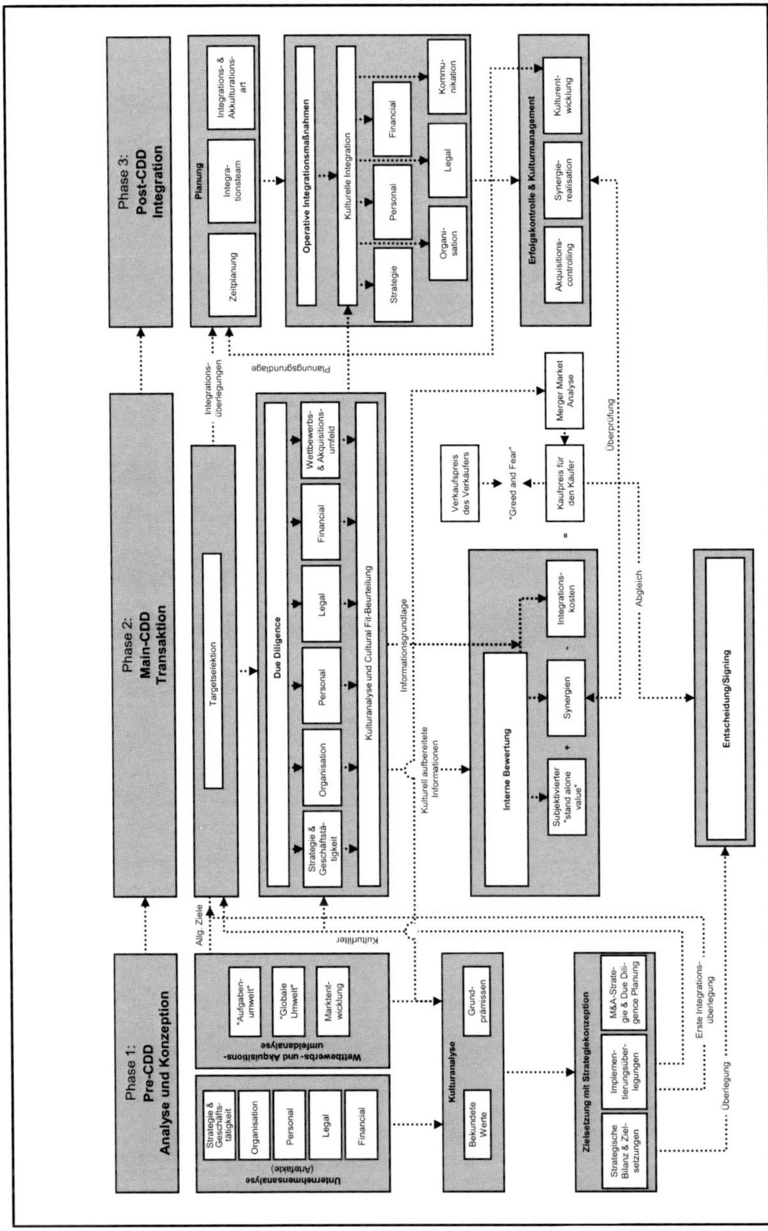

Quelle: Nach Strähle (2003), S.256.

Abbildung 25: Cultural Due Diligence Konzept von STRÄHLE

2.3.5 Macht eine kulturelle Due Diligence Sinn?

Insbesondere die Probleme bei der Messbarkeit von Unternehmenskulturen im Rahmen einer kulturellen Due Diligence werden häufig kritisiert. Auch die vorgestellten Methoden bieten keinen Ansatz, um völlig objektiv und in absoluten Zahlen eine Kultur zu messen.[169] Trotz der subjektiv geprägten Inhalte jeder Untersuchungsmethode kann dennoch ein wichtiger Beitrag im Vorfeld der Entscheidung über eine M&A-Transaktion geleistet werden. Weiterhin bieten die im Rahmen einer Due Diligence aufgenommenen Informationen eine gute Basis, um im Rahmen des Integrationsmanagements einen Fokus auf bestimmte Punkte zu legen. Selbst die Einteilung in ein relativ grobes Raster, wie das der vier Kulturtypen, kann sinnvoll sein, um relativ starke, bestehende Differenzen aufzudecken, doch sicherlich ist eine detailliertere Kulturanalyse für einen Entscheidungsfindungsprozess bzw. als Basis für die Erstellung eines Integrationskonzepts notwendig.

Insgesamt scheint eine kulturelle Due Diligence zum Aussprechen einer Empfehlung im Vorfeld von M&A und als spätere Basis für ein Integrationsmanagement unbedingt notwendig zu sein, auch wenn die relativ subjektive Messung immer angreifbar bleiben wird. Dabei gilt, dass die Ergebnisse umso mehr Validität besitzt, je detaillierter die jeweiligen Kulturen untersucht wurden, etwa im vorgestellten Ansatz von STRÄHLE.[170] In diesem Zusammenhang scheint für zukünftige Transaktionen der von BOLTEN geforderte ganzheitliche Due Diligence-Ansatz, ohne eine Einteilung in „harte“ oder „weiche“ Faktoren, zielführend zu sein.[171]

169 Vgl. Jansen (2001), S. 231f.
170 Vgl. Kapitel 2.3.4.
171 Vgl. Bolten (2003c), S. 14ff.

3

Empirische Untersuchungen und Auswertungen

In diesem Teil der Arbeit sollen zuerst bestehende empirische Untersuchungen zum Thema Post Merger Integration überblickartig dargestellt und die Ergebnisse festgehalten werden. Im Anschluss werden die relevanten interkulturellen Themenkomplexe anhand eigener Fallstudien eingehender betrachtet.

3.1 Empirische Untersuchungen

Eine gute Übersicht über aktuelle empirische Studien zwischen 1993 und 2000 zur Post Merger Integration, der Integrationsgestaltung und der Bedeutung „weicher“ Faktoren, wie Unternehmenskultur und Kommunikation, für einen Integrationserfolg findet sich bei HARTMANN[172], dabei nicht berücksichtigte bzw. aktuellere Untersuchungen wurden vom Verfasser dieser Arbeit ergänzt:[173]

---

[172] Hartmann (2002), S. 95–104.

[173] Die bis 1992 erschienenen Studien werden bei Gerpott (1993a), S. 169–185 und 255–275 detailliert aufgearbeitet.

Autor(en)	Untersuchungseinheiten/ -methoden	Zentrale Untersuchungsergebnisse
(1) Bamberger (1994)	• 87 innerdeutsche Akquisitionen (Mehrheitsbeteiligungen) im Zeitraum zwischen 1980 und 1991 • Schriftliche Befragung von 35 Respondenten, die an der Durchführung ausgewählter Akquisitionsprojekte persönlich mitwirkten • Jeweils rund 50% der Käufer- und Zielunternehmen sind dem verarbeitenden Gewerbe zuzuordnen	• Kulturunterschiede zwischen den Akquisitionspartnern können in der Integrationsphase stark negative Auswirkungen haben; andererseits führt eine gute kulturelle Kompatibilität nicht unmittelbar zu positiven Erfolgswirkungen • Zwischen der Fluktuationsrate übernommener Mitarbeiter und dem Akquisitionserfolg besteht ein negativer Zusammenhang • Zwischen einem zeitweisen Managementtransfer und dem Aquisitionserfolg besteht ein tendenziell negativer Zusammenhang • Zwischen dem Integrationsgrad des Ziel- in das Käuferunternehmen und dem Akquisitionserfolg kann kein signifikanter Zusammenhang ermittelt werden
(2) Birkinshaw/ Bresman/ Hakanson (2000)	• 3 in 1990 durchgeführte internationale Akquisitionen schwedischer Großunternehmen • 19 (36) Interviews mit "key individuals on both sides of the acquisition" ergänzt um 148 (71) beantwortete Fragebögen von "R&D emploxees" in 1991/1992 (1996) • Zielunternehmen verfügen über eigene F&E-Aktivitäten	• Zur Unterstützung der leistungswirtschaftlichen und personalorientierten Integration werden in der Praxis vielfältige IG-Maßnahmen eingesetzt • Je größer die Integrationsprobleme sind, desto geringer ist der mittelfristige (1 bis 2 Jahre) leistungswirtschaftliche Integrationsgrad der Akquisistionspartner • Unzufriedenheit mit einem mittelfristig erreichten Integrationsgrad kann langfristig (3 bis 5 Jahre) zu erneuten Bemühungen des Käuferunternehmens zur Erhöhung des Integrationsgrads führen • Personalorientierte Integrationsprozesse sind selbst bei verfügbarer Akquisitionserfahrung des Käuferunternehmens extrem schwierig zu gestalten und i.d.R. nur langfristig zu bewältigen • Ein gewisser Grad an Mitarbeiterunzufriedenheit kann akzeptiert werden, sofern die leistungswirtschaftlichen Integrationsprozesse dies unbedingt erfordern • Der Zusammenhang zwischen dem leistungwirtschaftlichen Integrationsprozess und dem Akquisitionserfolg wird durch das Ausmaß der personalorientierten Integration der Akquisitionspartner beeinflusst

Quelle: Hartmann (2002), S. 95.

Abbildung 26: Übersicht Empirie Teil 1

Autor(en)	Untersuchungseinheiten/ -methoden	Zentrale Untersuchungsergebnisse
(3) Cannella/ Hambrick (1993), Hambrick/ Cannella (1993)	• 96 zwischen 1980 und 1984 vollzogene Akquisitionen unter Beteiligung US-amerikanischer Unternehmen • Mittlerer Kaufpreis: 775 Mio. USD • Analyse zum Ausschneiden von 451 übernommenen Spitzenführungskräften	• Die relative Position übernommener Spitzenführungskräfte im neuen Unternehmensverbund sowie der damit verbundene interne soziale Status bestimmen deren Ausscheidensquote nach Akquisitionen • Je größer die Ausscheidensquote übernommener Topmanager in den ersten zwei Jahren nach dem Akquisitionsvollzug ist, desto signifikant schlechter ist die Erfolgsentwicklung des Zielunternehmens • Der Verlust an Entscheidungsautonomie des übernommenen Topmanagements korreliert signifikant negativ mit der Erfolgsentwicklung des Zielunternehmens
(4) Capron/Dussauge/ Mitchell (1998), Capron/Hulland (1999)	• 253 horizontale Akquisitionen von 190 Käuferunternehmen aus Frankreich, USA und England • Schriftliche Befragung von Spitzenführungskräften der Käuferunternehmen • Durchschnittlicher Kaufpreis des Zielunternehmens: 42 Mio. USD	• Substantielle Ressourcenrestrukturierungen im Anschluss an den formalen Eigentümerwechsel sind charakteristisch für sämtliche Akquisitionen • Ressourcenrestrukturierungen erfolgen analog der Stärke der Einzelbereiche der akquisitionsbeteiligten Unternehmen • Marketingorientierte Ressourcen (Markennamen, Vertriebs-Know-how/ Personal, General-Marketing-Know-how) werden primär vom Käufer- zum Zielunternehmen transferiert • Umgruppierung von Marketing-Ressourcen führt zu signifikanten Umsatzverbesserungen (u.a. durch Erweiterung des Produktprogramms oder Verbesserungen der Produktqualität) sowie Marktanteilserhöhungen, nicht aber zu signifikanten Kosteneinsparungen
(5) Capron/Mitchell (1997)	• 4 horizontale US-amerikanisch-europäische Akquisitionen im Telekommunikationsbereich zwischen 1988 und 1922 • Primärerhebung per Fragebogen • Repondenten waren "CEO or a senior executive with overall responsibility for the acquisition case studied"	• Das Ausmaß der Ressourcenrestrukturierungen nach einer Akquisition ist im Zielunternehmen größer als im Käuferunternehmen • Ressourcennutzungsveränderungen zeigen sich primär im Verwaltungs- und Produktionsbereich • Starke Integrationsmechanismen ("managerial systems") verbinden die Käufer- und Zielunternehmen über alle Aktivitäten des Geschäftssystems hinweg • Akquisitionen führen trotz großer Erfolgsvarianzen tendenziell "to improved capabilities and business performance of the acquiring and target businesses"

Quelle: Hartmann (2002), S. 96.

Abbildung 27: Übersicht Empirie Teil 2

Autor(en)	Untersuchungseinheiten/ -methoden	Zentrale Untersuchungsergebnisse
(6) Castrogiovanni/ Bruton (2000)	• 46 zwischen 1979 und 1987 durchgeführte Akquisitionen, bei denen "financially distressed" Zielunternehmen akquiriert wurden • Sekundäranalyse von "published sources"	• Integration eines wirtschaftlich angeschlagenen Zielunternehmens in die Aktivitäten des Käuferunternehmens kann die Leistungsfähigkeit des übernommenen Unternehmens und somit das Akquisitionserfolgsniveau verbessern • Kostenreduzierungen in einem wirtschaftlich angeschlagenen Zielunternehmen beeinflussen dessen (Turnaround-)Erfolg nicht signifikant
(7) Chakrabarti/ Hauschildt/ Süverkrüp (1994)	• 86 technologisch motivierte US-amerikanisch-deutsche Akquisitionen zwischen 1978 und 1987 • Schriftliche Befragung ergänzt um 60 Interviews in 30 ausgesuchten Akquisitionsfällen	• Mit zunehmender Entscheidungsautonomie des Zielunternehmens steigt der ökonomische Akquisitionserfolg • Interaktionen zwischen den Akquisitionspartnern sind signifikant negativ mit dem technischen Akquisitionserfolgsniveau assoziiert
(8) Datta/Puia (1995)	• 112 größere grenzüberschreitende Akquisitionen US-amerikanischer Käuferunternehmen zwischen 1978 und 1990 • Sekundäranalyse	• Grenzüberschreitende Akquisitionen führen zu keiner Wertsteigerung für die Aktionäre des Käuferunternehmens • Je geringer der kulturelle Fit der Akquisitonspartner, desto geringer sind die "wealth effects for acquiring firm shareholders"
(9) Gerpott (1993a), Gerpott (1993b), Gerpott (1994a), Gerpott (1995a)	• 92 westdeutsche Industrieunternehmen, die 1988 von einem westdeutschen Käuferunternehmen akquiriert wurden • Schriftliche Befragung von "mit der Akquisition vertrauten Experten" des Käuferunternehmens • Umsatzmedian der Zielunternehmen (Käuferunternehmen) im letzten Geschäftsjahr vor der Transaktion: 40 Mio. DM (245 Mio. DM)	• Strukturelle Merkmale der Akquisitionspartner sind in geringerem Maße erfolgskritisch als integrationsgestaltende Maßnahmen • Umsatz-/Ergebnisverbesserungen werden im Zielunternehmen tendenziell vor allem dann erzielt, wenn – Ein bereichsbezogener Führungskräfte Austausch praktiziert wurde – Das Topmanagement des Zielunternehmens wichtige akquisitionsrelevante Informationen an dessen Belegschaft in zahlreichen Kleingruppentreffen vermittelte • Mit einem höheren Integrationserfolgsniveau einher geht – Eine partizipative gemeinsame Entscheidungsfindung der Topmanagementteams beider Akquisitionspartner bei wichtigen Entscheidungen – Eine intensive Nutzung von akquisitionsbezogenen Trainingsprogrammen/ Workshops und schriftlichen Mitarbeiterbefragungen zur Anpassungserleichterung für die Mitarbeiter des Zielunternehmens

Quelle: Hartmann (2002), S. 97.

Abbildung 28: Übersicht Empirie Teil 3

Autor(en)	Untersuchungseinheiten/ -methoden	Zentrale Untersuchungsergebnisse
Gerpott (1993a), Gerpott (1993b), Gerpott (1994), Gerpott (1995) – Fortsetzung –		• Die Höhe der postakquisitorischen Ausscheidensquote übernommener Topmanager wird weniger durch strukturelle Unternehmensmerkmale, sondern stärker durch Integrationsgestaltungs- und Verhandlungsprozessmerkmale beeinflusst • Je höher die kumulierte Ausscheidungsquote übernommener Topmanager in den ersten drei Jahren nach dem Akqusitionsvollzug ausfällt, desto ungünstiger stellt sich die Betriebsergebnisentwicklung des Zielunternehmens dar • Akquisitionserfolgseffekte integrationsgestaltender Maßnahmen sind häufig nicht situationsinvariant, d.h. es konnten interaktive Erfolgswirkungen identifiziert werden
(10) Gerpott (2000); Gerpott/Hartmann (2000)	• 86 innerdeutsch NBL-Akquisitionen des verarbeitenden Gewerbes, bei denen der formale Eigentümerwechsel zwischen 1990 und 1993 lag • Umsatzmedian der Käuferunternehmen (Zielunternehmen) im letzten Geschäftsjahr vor der Transaktion: DM 266 Mio. (DM 20 Mio.) • Schriftliche Befragung von mit der Akquisition vertrauten, höherrangigen Experten der westdeutschen Käuferunternehmen	• Das Ausscheiden ostdeutscher Spitzenführungskräfte in den ersten Jahren nach dem Akquisitionsvollzug stellt keinen für den Zielunternehmenserfolg abträglichen Verlust wertvollen firmenspezifischen Know-hows dar • Das Ausmaß personeller Abgänge und Zugänge im akquirierten Topmanagementteams (TMT) kann kaum durch strukturelle Merkmale der West-Ost Akquisitionspartner und die Art der Integrationsgestaltung erklärt werden • Die Zugangsquote extern vom Arbeitsmarkt in ostdeutsche TMT rekrutierter (Spitzen-)Führungskräft korreliert signifikant negativ mit der Erfolgsentwicklung der Zielunternehmen • Befristete oder unbefristete Entsendungen von Managern des Käuferunternehmens in das Zielunternehmen und Weiterbildungsaktivitäten für ostdeutsche Führungskräfte sind häufig genutzte personalwirtschaftliche IG-Maßnahmen • Weiterbildungsbasierte IG-Maßnahmen sowie die Vermeidung einer Delegation von Entscheidungskompetenzen zur strategischen Ausrichtung der Zielunternehmen an dessen TMT weisen signifikant positive Assoziationen mit dem Erreichungsgrad von Integrationszielen auf

Quelle: Hartmann (2002), S. 98.

Abbildung 29: Übersicht Empirie Teil 4

Autor(en)	Untersuchungseinheiten/ -methoden	Zentrale Untersuchungsergebnisse
(11) Gut-Villa (1997)	• 42 schweizerische Akquisitionen zwischen 1992 und 1993 • Schriftliche Befragung je eines Geschäftsleitungsmitglieds oder des Verwaltungsratspräsidenten	• In 62% (55%) der Akqusitionsfälle wurde ein(e) gesamtverantwortliche(r) "Integrationsmanager" ("Integrationssteuerungsgruppe") genutzt • Bereichsverantwortliche "Integrationsprojektteams" wurden in 41% der Stichprobenfälle genutzt • Die Integrationsintensität variiert in Abhängigkeit von dem Bereich; der höchste Integrationsgrad zeigt sich im Finanz- und Rechnungswesen • Zur Erleichterung der Integration wurde am häufigsten auf soziale Veranstaltungen und die Einbindung übernommener Topmanager in Abstimmungstreffen des Käufermanagements zurückgegriffen • Geringfügige Unterstützung der Integrationsinstanzen durch externe Berater
(12) Hagemann (1996)	• 24 persönliche strukturierte Interviews • Interviewpartner waren M&A-Verantwortungsträger der größten (Konzernumsatz größer 10 Mrd. DM) und akquisitionsfreudigsten Unternehmen sowie M&A-Berater aus ganz Europa (primär Westdeutschland und England) • Befragungszeitraum Juli bis Nov. 1991	• Integrationsphase ist eine der kritischsten Phasen im Akquisitionsprozess • Weniger als 50% der Käuferunternehmen führen eine Integration systematisch durch • Integrationsaktivitäten konzentrieren sich zumeist auf den organisatorischen Bereich und die Managementfunktionen • Bei 25% der Unternehmen lag der Integrationsdurchführung eine systematische Integrationsplanung zugrunde
(13) Hodges (1996)	• 49 ostdeutsche Zielunternehmen des produzierenden Gewerbes mit mehr als 100 Beschäftigten, die zwischen 1990 und 1994 mittels der THA auf dem Weg einer Mehrheitsbeteiligung von einem Unternehmen übernommen wurden • Schriftliche Befragung von (Spitzen-) Führungskräften (73,5% sind Topmanager) beider Akquisitionspartner, die über detaillierte Informationen des Integrationsprozesses verfügen • Fragebogen A (B) zielt auf Informationen über das Käuferunternehmen (Zielunternehmen) und dessen Vorgehensweise bei der IG (Wahrnehmung sowie Reaktionen auf Integrationsbedingte Veränderungen/Maßnahmen)	• Käuferunternehmen nutzen teambildungs- und weiterbildungsorientierte IB-Maßnahmen Intensiver als Personaleinsatz/-austausch-Maßnahmen • Je höher die Entscheidungsautonomie übernommener Führungskräfte, desto höher ist ihre Bereitschaft zur Kooperation mit dem Käuferunternehmen bzw. geringer ist das Konfliktpotenzial zwischen den Akquisitionspartnern • Zwischen der Entscheidungsautonomie übernommener Manager und dem Akquisitionserfolg besteht kein signifikanter Zusammenhang • Teambildungs- und weiterbildungsorientierte IB-Maßnahmen unterstützen die Kooperationsbereitschaft des Zielunternehmens zur Realisierung von Ressourcennutzungsveränderungenen

Quelle: Hartmann (2002), S. 99.

Abbildung 30: Übersicht Empirie Teil 5

Autor(en)	Untersuchungseinheiten/ -methoden	Zentrale Untersuchungsergebnisse
(14) Jansen (2000b); Jansen (2000c); Jansen/Körner (2000)	• 103 größere Unternehmenszusammenschlüsse mit deutscher Beteiligung in den Jahren zwischen 1994 bis 1998 • 63% (73%) nationale (grenzüberschreitende) Zusammenschlüsse • 58% reine Übernahmen und 42% Fusionen unter gleichstarken Partnern • Schriftliche Befragung (13% Rücklaufquote) • Keine Auskunft über die Respondenten	• Schnelle Entscheidung und Kommunikation der zukünftigen Führungsstruktur ist ein wesentlicher "Erfolgstreiber" • Kulturelle Aspekte haben keinen signifikanten Einfluss auf den Akquisitionserfolg; Kulturprobleme werden häufig als Entschuldigung für Zielabweichungen bzw. das nicht erklärte Scheitern eines Zusammenschlusses herangezogen, ohne dass der Kultur im Prozess selbst eine Bedeutung zukommt • Integrations(projekt)teams sind IG-Maßnahmen mit hoher Erfolgsrelevanz • Ableitung einer Integrationsplanung im Vorfeld des Eigentümerwechsel ist von Bedeutung für den Erfolg eines Unternehmenszusammenschlusses • Entwicklung von IG-Maßnahmen zum Wissenstransfer sind von geringer Erfolgsrelevanz • Integrationsgeschwindigkeit ist kein Wert an sich • Eine unzureichende Einbindung von Mitarbeitern beider Akquisitionspartner, eine unzureichende Kommunikation und eine schlechte Planung des Integrationsprozesses sind die gravierendsten IG-Fehler • 60% der Unternehmen, die Ihren eigenen Integrationsprozess subjektiv für zumindest gut hielten, konnten keine Wertsteigerung erzielen
(15) Krishnan/Miller/ Judge (1997)	• 147 US-amerikanische Akquisitionen zwischen 1986 und 1988	• Know-how-Komplementarität (i.S. von Ungleichheiten im funktionalen Background) der Topmanagementteams (TMT) beider Akquisitionspartner fördert den Akqusitionserfolg • Je größer die Know-how-Komplementarität der TMT beider Akquisitionspartner fördert den Akquisitionserfolg • Je geringer die Ausscheidungsquote des übernommenen TMT, desto höher der Akquisitionserfolg

Quelle: Hartmann (2002), S. 100.

Abbildung 31: Übersicht Empirie Teil 6

Autor(en)	Untersuchungseinheiten/ -methoden	Zentrale Untersuchungsergebnisse
(16) Krug/Hegarty (1997)	• Analyse von 168 internationalen und 102 nationalen Übernahmen US-amerikanischer Zielunternehmen zwischen 1986 und 1988 • Kontrollgruppe von 120 US-amerikanischen Unternehmen, die nicht in eine Akquisition eingebunden waren	• Ausscheidungsquote übernommener Topmanager ist bei internationalen Akquisitionen signifikant höher als bei nationalen Akquisitionen • Im Hinblick auf den Zeitpunkt des Einsetztens der Fluktuation zeigen sich nur gerinfügige Unterschiede zwischen ausländischen und inländischen Käuferunternehmen
(17) Larsson/Finkelstein (1999)	• 61 aus früheren Datenquellen (z.B. Dissertationen, Lehrbücher) selektierte Akquisitionsfallstudien • "Case survey method" d.h. Umwandlung qualitativer Fallstudienbefunde in quantifizierte Variablen unter Zuhilfenahme eines Kodierungsrasters und von "multiple raters"	• Je intensiver die organisatorische Integration (firm interactions and coordinative efforts) der Akquisitionspartner ist, desto größer ist das Ausmaß der Synergierealisierung • Je umfangreicher die aktiven und passiven Widerstände der Mitarbeiter gegen die Akquisition bzw. Integration sind, desto geringer ist der Akquisitionserfolg • Zwischen dem Ausmaß der organisatorischen Integration und dem Umfang der Mitarbeiterwiderstände gegen integrationsbedingte Veränderungen wurde kein signifikanter Zusammenhang ermittelt
(18) Lederer (1998)	• 14 (Ziel-)Unternehmen in Ostdeutschland, Polen und Bulgarien, die eine Mehrheitsbeteiligung mit einem westlichen Käuferunternehmen aufweisen bzw. mit einem westlichen Unternehmen kooperieren • Persönliche Interviews und Beobachtungen in der Phase der betrieblichen Transformation	• Im Hinblick auf die personelle Zusammensetzung ostdeutscher Topmanagementteams und die Entscheidungs-/Handlungsspielräume übernommener Spitzenführungskräfte können keine allgemeingültigen deskriptiven Aussagen getroffen werden • Es konnte sowohl primär durch westliche als auch durch ostdeutsche Akteure mit langjähriger sozialistischer Leitungserfahrung dominierte Leitungsgremien der Zielunternehmen beobachtet werden • In 6 (3) ostdeutschen Zielunternehmen verfügen die Topmanager über sehr geringe (relativ große) Entscheidungs-/Handlungsspielräume
(19) McKiernan/Merali (1997)	• 200 britische Unternehmen aus den Sektoren "mechanical engineering, banking and Insurance", die zwischen 1987 und 1990 an M&A-Aktiovitäten beteiligt waren • Schriftliche Befragung	• Planungsaktivitäten bezüglich der Integration der Informationstechnologien/-systeme (IT/IS) werden vor dem Akquisitionsvollzug mehrheitlich vernachlässigt • In 70% der erfassten Akquisitionen wurde ein mehr oder minder detaillierter Plan zur Zusammenführungen der IT/IS-Funktion erst nach dem formalen Eigentümerwechsel formuliert

Quelle: Hartmann (2002), S. 101.

Abbildung 32: Übersicht Empirie Teil 7

Autor(en)	Untersuchungseinheiten/ -methoden	Zentrale Untersuchungsergebnisse
(20) Meyer/Möller (1998)	• 3 in 1991 realisierte Akquisitionen dänischer Käuferunternehmen in Ostdeutschland • "On-site"-Interviews mit bis zu 24 dänischen west- und ostdeutschen Managern unterschiedlicher Hierarchieebene pro Transaktion	• West-Ost-Know-How-Unterschiede können nur partiell durch formale off-the-job Weiterbildungsmaßnahmen und die Implementierung neuer Systeme/Strukturen abgebaut werden • Kommunikations- und on-the-job weiterbildungsorientierte IG-Maßnahmen (z.B. Training-on-the-job im Käuferunternehmen, Praxisdemonstrationen am Arbeitsplatz) sind für den Integrationserfolg essentiell • Der im Vergleich zum Akkulturationsprozess bei der Übernahme ehemals planwirtschaftlich geführter Unternehmen sollte lokale Gegebenheiten berücksichtigen
(21) Morosini/Shane/ Singh (1998)	• 52 internationale Akquisitionen europäischer Käuferunternehmen zwischen 1987 und 1992 • Schriftliche Befragung	• Nationale Kulturdistanzen der Akquisitionspartner wirken sich positiv auf den Erfolg aus • Durch die Landeskultur des Zielunternehmens geprägte Unternehmensroutinen können sich positiv auf den Akquisitionserfolg auswirken
(22) Norburn/ Schoenberg (1994)	• 70 UK-Akquisitionen in Kontinental-europa (u.a. Deutschland) zwischen 1988 und 1989 • Börsenorientierte Käuferunternehmen mit durchschnittlich 100 Mio. Pfund Jahresumsatz • Schriftliche Befragung der "Finance Directors"	• Die Integration ist der komplexeste (i.S. von "unforeseen difficulties") und erfolgskritischste Abschnitt im gesamten Akquisitionsprozess • (Landes)Kulturelle Differenzen zwischen den Akquisitionspartnern beeinträchtigen den Integrationsprozess
(23) Nupponen (1995)	• 4 horizontal internationale Akquisitionen eines finnischen Käuferunternehmens • 58 semi-strukturierte persönliche und telefonische Interviews mit 40 Mitarbei-tern der Käufer- und Zielunternehmen	• Personalorientierten IG-Aspekten kann grundsätzlich eine hohe Akquisitions-erfolgsrelevanz zugesprochen werden • Die Benennung eines Integrationsmanagers "with a suitable fit of personal characteristics, skill and experience with the task" kann durch eine auf Personalaspekte (z.B. Mitarbeitermotivation) fokussierte IG den Akquisitions-erfolg fördern • Eine hohe (geringe) Kommunikationsqualität wirkt sich positiv (negativ) auf den Akquisitionserfolg aus • Integrationserfahrungen auf Individualebene sind Moderatoren der IG

Quelle: Hartmann (2002), S. 102.

Abbildung 33: Übersicht Empirie Teil 8

Autor(en)	Untersuchungseinheiten/ -methoden	Zentrale Untersuchungsergebnisse
(24) Pablo (1994)	• 56 US-Akquisitionen zwischen 1991 und 1993 • Schriftliche Befragung hochrangiger Führungskräfte	• Entscheidungen im Hinblick auf den Integrationsgrad werden durch kulturelle und strukturelle Bestimmungsgrößen beeinflusst (z.B. Multikulturalismus-bereitschaftsgrad und Integrationserfahrung des Käuferunternehmens, Größe der Akquisitionspartner)
(25) Shanley (1994)	• 51 in 1985 akquisitionsaktive US-Käuferunternehmen aus den Bereichen • "industrial" (19), "consumer" (19) und "service" (13) • Umsatzmedian der Käuferunternehmen (Zielunternehmen) beträgt USD 1,5 Mrd. (60 Mio.) • Schriftliche Befragung von CEOs ergänzt um Telefoninterviews	• Situative Randbedingungen (z.B. Notwendigkeit eines Turnarounds) können die Gestaltung der Integration beeinflussen • Mit zunehmender Intensität der Integrationsplanung verbessert sich der Akquisitionserfolg • Eine Entscheidungsdominanz des Käuferunternehmens fördert das Akquisitionserfolgsniveau
(26) Stylianou/ Jeffries/Robbins (1996), Robbins/ Stylianou (1999)	• 44 US-amerikanische Akquisitionen zwischen 1989 und 1991 • Schriftliche Befragung von "Chief Information Officers"	• Integrationsplanung wirkt bei der Zusammenstellung IT-gestützter Informationssysteme positiv hinsichtlich des Integrationserfolges • Bei de Zusammenführung IT-gestützter Informationssysteme ist eine Integrationsplanung, die Hinzuziehung von Führungskräften, Kommunikation und die Hinzuziehung von End-Usern von Vorteil
(27) Thomson/ McNamara (1998)	• 6 ostdeutsche mittelständische Ziel-unternehmen des Dienstleistungssektors, die zwischen 1990 und 1991 von einem westlichen Käuferunternehmen akquiriert wurden • Offene Interviews mit 36 "älteren" ostdeutschen Beschäftigten	• Akquisitionen generieren höheren akkulturativen Stress als Fusionen • Der Verbleib ostdeutscher Manager bedeutet die Beibehaltung "bewährter" Prozeduren und Routinen; diese sind exzellente Mittel der Wissensspeicherung und damit günstig für die Integration
(28) Uhlenbruck/ De Castro (2000)	• 170 zwischen 1989 und 1993 voll-zogene Privatisierungsakquisitionen westlicher Käuferunternehmen in den NBL (104) und in Osteuropa (66) • Schriftliche Befragung von "executives of the acquirers"	• Je größer die finanziellen Investitionen des Käuferunternehmens in das Zielunternehmen sind (Indikator für den Umfang der organisatorischen Transformation), desto größer ist das Akquisitionserfolgsniveau

Quelle: Hartmann (2002), S. 103.

Abbildung 34: Übersicht Empirie Teil 9

Autor(en)	Untersuchungseinheiten/ -methoden	Zentrale Untersuchungsergebnisse
(29) Very/Lubatkin/ Calori (1996), Calori/Lubatkin/ Very (1994), Very/Lubatkin/ Calori/Veiga (1997), Lubatkin/ Calori/Very/ Veiga (1998)	• 75 britische und französische Zielunternehmen, die zwischen 1987 und 1989 von einem Käuferunternehmen aus Großbritannien, Frankreich oder den USA akquiriert wurden • Schriftliche Befragung von 161 übernommenen Spitzenführungskräften, die "are likely to be well informed about their firm's progress and tension since the merger"	• Die Verminderung der Entscheidungsautonomie des übernommenen Topmanagements wirkt sich negativ auf den Akquisitionserfolg aus • Nationale Kulturen und akkulturativer Stress beeinflussen die Vorgehensweise der Käuferunternehmen bei der IG und den Akquisitionserfolg • Integrationsprobleme, die durch nationale Kulturdifferenzen entstehen, sind von Integrationsproblemen, die durch unterschiedliche Unternehmenskulturen entstehen, abzugrenzen • Käuferunternehmen, die sich kultureller Begebenheiten bewusst sind, können Integrationsprobleme besser antizipieren und somit zielgerichteter "entschärfen"
(30) Weber (1996), Weber/Pliskin (1996), Weber/ Shenkar/Raveh (1996), Lubatkin/ Schweiger/ Weber (1999)	• 69 US-amerikanische Zielunternehmen, die zwischen 1985 und 1987 durch inländische und ausländische Käuferunternehmen mit hoher Geschäftsverwandschft akquiriert wurden • 58% (42%) der betrachteten Akquisitionen entstammen dem Bankengewerbe (produzierenden Gewerbe) • Schriftliche Befragung zum finanziellen Erfolg der Zielunternehmen und zum Ausscheiden übernommener Topmanager vier Jahre nach dem Akquisitionsvollzug	• Je größer die kulturellen Differenzen (z.B. Risikobereitschaft, Innovationsorientierung) zwischen den Topmanagementteams der Akquisitionspartner sind, desto geringer ist die Effektivität des Integrationsprozesses • Ein geringer Entscheidungsautonomiegrad des übernommenen Topmanagements ist bei Bankakquisitionen positiv mit der Effektivität des Integrationsprozesses assoziiert • Bei Akquisitionen im produzierenden Gewerbe hat eine geringe Entscheidungsautonomie des übernommenen Topmanagements positive Effekte auf den finanziellen Erfolg des Zielunternehmens • Je stärker die Identifikation mit dem eigenen Unternehmen ist (Commitment), desto höher ist die Effektivität der Integration • Je größer die wahrgenommenen Kulturdifferenzen zwischen den beiden Topmanagementteams sind, desto größer ist die Ausscheidungsquote übernommener Spitzenführungskräfte • Je größer der wahrgenommene Entscheidungskompetenzverlust ist, desto größer ist die Ausscheidungsquote übernommener Topmanager • Bei internationalen Akquisitionen sind landeskulturelle Differenzen der Akquisitionspartner bedeutendere Moderatoren der Integrationsgestaltung/ des Integrationsprozesses als unternehmenskulturelle Differenzen • Je größer die unternehmenskulturelle Distanz der inländischen Akquisitionspartner ist, desto geringer ist die Entscheidungsdominanz des Käuferunternehmens

Quelle: Hartmann (2002), S. 104.

Abbildung 35: Übersicht Empirie Teil 10

Autor(en)	Untersuchungseinheiten/ -methoden	Zentrale Untersuchungsergebnisse
(I) Böning-Consult (2003)*	• 121 schriftliche Befragung und Expertengespräche • Qualitative Einschätzung von M&A-Transaktionen zwischen 1998 und 2002	• 45% der unternehmen haben die gesteckten Ziele zu 76% erreicht • Die wichtigsten Erfolgsfaktoren sind Planung und Zielorientierung, eine klare/eindeutige Kommunikation, Zusammenarbeit und Kulturentwicklung • Due Diligence und Evaluationsphase kommt eine entscheidende Bedeutung bezogen auf den Gesamtprozess zu • Misserfolge resultieren aus Unterschiedlichen Einschätzungen von Unternehmen und Beratern zum M&A-Prozess, später Integrationsplanung, der Vernachlässigung von Unternehmenskulturellen Aspekten, Änderung der Unternehmenskultur und mangelnder Due Diligence
(II) Galpin/Herndon (1999)	• Schriftliche Befragung • Antworten von 190 CEOs, CFOs und andere Top-Manager von Unternehmen aus verschiedenen Industriezeigen mit M&A Erfahrung aus den USA, den asiatisch-pazifischen Raum und Brasilien wurden ausgewertet	• Die Qualität der Einschätzungen vor der Transaktion beeinflusst stark den realisierten Wertzuwachs während und nach der Integration, wobei mit 46% nur ein relativ geringer Teil der Unternehmen kulturelle Faktoren während der Due Dilligence untersuchte • Ein systematischer, gründlicher und auf die jeweilige Situation abgestimmter Prozess ist der Schlüssel zu einer erfolgreichen Integration. Dabei sind Kommunikation und kulturelle Integration Nr.2 respektive Nr. 4 der bedeutendsten Inhalte eines Integrationsplans • Integration ist eine große Change Management Aufgabe, mit dem richtigen Führungsstil (Leadership) und gut geplanter Kommunikation als wichtigste Faktoren für einen Integrationserfolg
(III) Gerds/Schewe (2004)	• Untersuchung von 120 weltweiten Integrationsprojekten im Rahmen einer Erfolgsfaktoren-Studie • Zusätzliche Akzeptanz-Studie mit einer Umfrage unter 70 Führungskräften der ersten drei Ebenen deutscher Unternehmen	• Situative Rahmenbedingungen sind nicht so ausschlaggebend für Misserfolge, wie etwaige Managementfehler • Die richtigen Personen im Team zu haben ist für eine erfolgreiche Integration wichtiger, als detaillierte Pläne • Die Integration sollte zügig, aber nicht zu schnell erfolgen • Weiche und harte Maßnahmen sollten gleichermaßen berücksichtigt werden, dabei müssen alle Maßnahmen richtig getimt und richtig dosiert sein • Während der Integration des Tagesgeschäfts muss das operative Management ständig begleitet und unterstützt werden • Es sollte eine Bindung von Kernmitarbeitern erfolgen, sowie Schulungen für alle Mitarbeiter, um diese fusionsfähig zu machen

* Zitiert in: Strähle (2003a), S. 66.
Quelle: Eigene Darstellung

Abbildung 36: Übersicht Empirie Teil 11

Autor(en)	Untersuchungseinheiten/ -methoden	Zentrale Untersuchungsergebnisse
(IV) Grube/Töpfer (2002)	• Auswertung unterschiedlicher Fallstudien und empirischer Untersuchungen zur Ermittlung von Erfolgsfaktoren für eine Integration	• Eine passende, gemeinsame Strategie und eine Klare Vision und Mission bilden die Grundlage einer guten Transaktion • Um eine Fusion oder Akquisition erfolgreich durchzuführen, sind die weichen Faktoren der Unternehmenskulturen entscheidend • Es sollte unbedingt eine kulturelle Due Diligence durchgeführt werden • Genau geplante Kommunikation ist während der Post Merger Integration der Schlüssel zum Erfolg.
(V) Mercer Management Consulting (2002)	• Auswertung von 152 internationalen M&A-Transaktionen zwischen 1994 und 1999	• Internationale Transaktionen sind erfolgreicher., als nationale, da wegen der erwarteten regulatorischen und kulturellen Barrieren die Integration besser geplant wird • Eine gelungene Integration ist der wesentliche Erfolgsfaktor
(VI) Strähle (2003c)	• Schriftliche Befragung • Auswertung von 24 M&A zwischen 1998 und 2000	• 50% der Transaktionen erfüllen nicht die Erwartungen • 95% der Befragten sehen die Unternehmenskultur als wichtigen Erfolgsfaktor
(VII) Whalen (2001)	• Online Fragebogen zur Bedeutung von Kommunikation für M&A Erfolg • 365 Personen mit Erfahrungen in M&A Kommunikation aus den USA, Kanada, England, Frankreich und zu kleinen Teilen aus anderen Ländern nahmen an der Befragung teil	• Die Kommunikationsstrategie sollte dem M&A Motiven angepasst sein • Sowohl formelle, wie auch informelle Kommunikationstaktiken sind sinnvoll • Es sollten professionelle Kommunikationsexperten eingesetzt werden • In der Pre Merger Phase sollte eine kulturelle Bewertung stattfinden • Aus Personen mehrerer Funktionsbereiche zusammengesetzte Integrationsteams mit Mitgliedern aus beiden Unternehmen sollten an der Integration arbeiten

Quelle: Eigene Darstellung

Abbildung 37: Übersicht Empirie Teil 12

Autor(en)	Untersuchungseinheiten/ -methoden	Zentrale Untersuchungsergebnisse
(VII) Hamon/ Hagedorn (2008)	• Qualitative Auswertung der Projekterfahrungen in PMI Situationen in bezug auf die HR-Funktion	• Die HR-Funktion spielt eine entscheidende Rolle für eine erfolgreiche PMI • Dabei ist es von zentraler Bedeutung, dass der strategische Kontext der Transaktion von der HR schnell erfasst und für die Mitarbeiter operationalisiert wir, insbesondere durch eine entsprechende Kommunikation • Weiterhin müssen die HR-Funktionen der beiden Unternehmen schnell zu einer vertrauensvollen Zusammenarbeit finden

(IX) Michalenko (2010)	• Qualitative Untersuchung zur Bedeutung von Vertrauen in Post Merger Situationen
	• Auswertung von 8 M&A Transaktionen
		• Vertrauen (*trust*) zeigt sich als wichtiger Erfolgsfaktor für PMI
		• Dieses Vertrauen wird insbesondere generiert durch drei Faktoren:
		  • *A clear misson driven purpose*
		  • *Authentic leadership*
		  • *Inclusive engagement*

(X) Santiago Advisors (2009)	• Europaweite, branchenübergreifende Befragung von 112 Integrationsmanagern	• Unternehmen ergreifen konkrete Maßnahmen, um die schlechten Erfahrungen bei vergangenen Integrationen zukünftig zu vermeiden Diese Maßnahmen sind insbesondere:
		  • Aufbau von Know.how Datenbanken mit Methodiken und Vorgehensweisen
		  • Aufbau von internen PMI Spezialisten/Abteilungen
		  • Interner Review der PMI Erfahrungen
		  • Austausch zwischen unternehmen intensiviert
		  • Aufnahme von PMI-Modulen in die internen Schulungs-/ Führungskräfteentwicklungsprogramme

(XI) Schweizer (2009)	• Durchführung von vier vergleichenden Fallstudien von Biotechnologie-unternehmen nach M&A anhand eines teilweise strukturierten Interview-leitfadens	• Human Resources (HR) und Kultur sind bedeutend für M&A Erfolg • In der Biotechnologie bestehen durch Globalisierung und weltweit ähnliche Ausbildung der Mitarbeiter weniger interkulturelle Risikofaktoren bei der Post Merger Integration • Jedoch können unterschiedliche Unternehmenskulturen (*entrepreneurial vs. research-oriented*) zu Herausforderungen in der Integrationsphase führen

Quelle: Eigene Darstellung

Abbildung 38: Übersicht Empirie Teil 13

3.2 Zusammenfassung und Auswertung der empirischen Untersuchungen

Bezogen auf die untersuchten Variablen in der empirischen Integrationsforschung wird deutlich, dass außer Maßnahmen zur Integrationsgestaltung auch Situationsvariablen betrachtet wurden. Hierzu zählen vor allem kulturelle Aspekte, wie etwa Kulturunterschiede oder Kulturkompatibilität zwischen den jeweiligen Partnern. Es zeigt sich, dass unterschiedliche Abläufe der Integration aus den Situationsvariablen heraus erklärt werden können, diese Variablen jedoch Fragen zur Auswirkung der Gestaltung der Integration auf den Erfolg der jeweiligen Transaktion offen lassen. Da die Unternehmensleitung situative Variablen anders als Integrationsmaßnahmen kaum beeinflussen kann, sind Erkenntnisse über deren Auswirkungen von größerem Interesse für die Praxis.[174]

In der Empirie wurde bei der Untersuchung der Bedeutung von Integrationsplanung offensichtlich, dass eine gut strukturierte Strategie zur Gestaltung und Durchführung der Integration essentiell für einen Erfolg zu sein scheint, obwohl im Rahmen des Integrationsprozesses teilweise eine „unvorhersehbare Eigendynamik" zum Tragen kommt.[175] Gerade in den neueren Veröffentlichungen ist die Bedeutung von situativen Variablen wie Kulturdifferenzen und Kulturkompatibilität intensiv untersucht worden. Dabei stellte sich heraus, dass es erfolgsfördernd ist, den „weichen" Themen – insbesondere der Unternehmenskultur – mehr als nur eine periphere Aufmerksamkeit zu widmen.[176] Die überwiegende Zahl der Untersuchungen stellt fest, dass der Cultural Fit zwischen den jeweiligen Partnern als erfolgsbeeinflussender Faktor gesehen werden kann.[177]

Als entscheidender Erfolgsfaktor kristallisiert sich weiterhin eine gut geplante und klar abgestimmte offene Kommunikation heraus. Ohne diese von vorneherein gut geplante Kommunikationsstrategie stehen laut der relevanten empirischen Untersuchungen alle M&A-Transaktionen vor beinahe unlösbaren Herausforderungen.[178]

3.3 Fallstudien

Im Rahmen der nun folgenden eigenen Fallstudien sollen die im vorangegangenen empirischen Teil der Arbeit deutlich gewordenen relevanten interkulturellen, „weichen"

[174] Vgl. Hartmann (2001), S. 107.
[175] Vgl. Hartmann (2001), S. 106.
[176] Vgl. etwa Lubatkin et al. (1998) und Strähle (2003c).
[177] Vgl. etwa Böning-Consult (2003) und Datta/Puia (1995).
[178] Vgl. etwa Meyer/Möller (1998); Nupponen (1995) und Whalen (2001).

Erfolgsfaktoren für M&A eingehender betrachtet werden, um auf dieser Basis dann Kriterien für ein Konzept zur Integration von Unternehmenskulturen zu entwickeln.

3.3.1 Methodik und Vorgehen

YIN beschreibt eine Fallstudie als ein empirisches Verfahren, mit dem ein momentanes Phänomen in einem Kontext aus dem realen Leben untersucht werden kann, besonders, wenn dabei die Grenzen zwischen dem Phänomen und dem Kontext nicht offensichtlich sind. Die Fallstudie geht dabei mit einer technisch abgegrenzten Situation um, in der es deutlich mehr relevante Variablen, als Datenpunkte gibt und die daher von mehreren Belegquellen abhängt, deren Daten in einer Dreiecksformation konvergieren müssen und als ein weiteres Resultat von der früheren Entwicklung theoretischer Aussagen profitiert, um die Datenerhebung und -analyse zu leiten.[179]

Unter den von YIN vorgegebenen Prämissen werden in den behandelten Fallstudien Kriterien für ein Konzept zur Integration von Unternehmenskulturen in einen interkulturellen Kontext entwickelt. Dabei sind die Fallstudien, wie auch die zur Beleuchtung bestimmter bedeutender Zusammenhänge dargestellten kurzen Fallbeispiele rein qualitativer Natur.

Aufgrund der unterschiedlichen Informationsverfügbarkeit und inhaltlichen Ausrichtung sind die Fallstudien divergierend aufgebaut. Dabei liegt in der ersten Fallstudie der Fokus auf der Bedeutung der interkulturellen Faktoren beim Daimler-Chrysler Merger. In der zweiten Fallstudie, der Integration von zwei interkulturellen Akquisitionen eines europäischen Stahlunternehmens – die aus Vertraulichkeitsgründen anonymisiert dargestellt wird – wird vor allem das Integrationsmanagement und die Bedeutung von kultureller Integration untersucht. Ergänzend zu den ausführlichen Fallstudien werden kurze Fallbeispiele bestimmte Einzelaspekte beleuchten, die für diese Arbeit relevant sind. Dazu wurden die verfügbare Literatur, die jeweiligen Internetauftritte und Unternehmensveröffentlichungen, Geschäftsberichte und Mitarbeiterzeitschriften ausgewertet. Zusätzlich wurden für die zweite Fallstudie Interviews mit Führungskräften und Integrationsverantwortlichen geführt, unternehmensinterne Dokumente ausgewertet sowie die Ergebnisse einer Mitarbeiterbefragung genutzt. Die Datenauswertung erfolgte im Rahmen einer Strukturierung, die relevante Aspekte aus dem zur Verfügung stehenden Material herausfiltert und so einen Querschnitt über die Inhalte abbildet.[180]

---

179 Vgl. Yin (2003), S. 13f.
180 Vgl. Mayring (2003), S. 55.

Die Qualität der Fallstudien soll basierend auf den Kriterien Konstruktvalidität, interne und externe Validität sowie Reliabilität sichergestellt werden.[181] Die Konstruktvalidität sicherzustellen erweist sich für Fallstudien meist als schwierig, da häufig ausreichend operationale Maße fehlen und die Gefahr einer rein subjektiven Beurteilung der präsentierten Daten besteht.[182] Für diese Arbeit soll die Konstruktvalidität durch die Verwendung möglichst vieler Datenquellen, die Abstimmung der zweiten Fallstudie mit den Interviewpartnern, sowie einer möglichst klaren Argumentationskette erreicht werden. Da die interne Validität lediglich für kausale oder erklärende Fallstudien relevant ist und nicht für die vorliegenden deskriptiven Fallstudien, kann diese in der vorliegenden Arbeit vernachlässigt werden. Bezüglich der externen Validität kann es bei nur zwei Fallstudien und vier Fallbeispielen lediglich eine verminderte Möglichkeit der Verallgemeinerung geben. Zum Erreichen eines Minimums an externer Validität wurden möglichst heterogene Beispiele gewählt, sowie die Fragestellungen an den empirischen und theoretischen Grundlagen dieser Arbeit ausgerichtet. Weiterhin versuchen die vorliegenden Fallstudien durch die Nutzung möglichst umfangreicher unternehmensinterner und -externer Quellen sowie im Rahmen der zweiten Fallstudie der Verwendung von Ergebnissen einer repräsentativen Mitarbeiterbefragung und der Auswahl von Interviewpartnern mit genauem Wissen um die Transaktion bzw. Integration und einer Anfertigung von Interviewprotokollen, eine gute Reliabilität zu erreichen.

3.3.2 Fusion und Integration von Daimler Benz AG und Chrysler Corporation

3.3.2.1 Ablauf und ökonomische Resultate

Am 7. Mai 1998 erfolgte die Bekanntgabe einer der größten Fusionen in der Geschichte des Automobilbaus: Daimler-Benz und Chrysler planten, sich zu einem weltweit führenden Automobil-, Transport- und Dienstleistungsunternehmen zusammenzuschließen. Vorangegangen war die Unterzeichnung des Fusionsvertrages in London, den die Mitarbeiter von Jürgen E. Schrempp, dem Vorstandsvorsitzenden der Daimler-Benz AG und Robert J. Eaton, dem CEO der Chrysler Corporation, in den Wochen vorher ausgearbeitet hatten.

Im Juli genehmigten die Europäische Kommission und die US-Kartellbehörde den Zusammenschluss und ab August begannen Management-Teams von Daimler-Benz und Chrysler Strategien für das fusionierte Unternehmen auszuarbeiten. Im September stim-

[181] Vgl. Yin (2003), S. 33f.
[182] Vgl. Yin (2003), S. 34.

men die Chrysler-Aktionäre und die Daimler-Benz-Aktionäre dem Zusammenschluss mit 97,5% bzw. 99,9% zu und einen Monat später erfolgte mit dem Vollzug des Aktientauschs der offizielle Abschluss der Fusion. Doch die eigentliche Herausforderung der Integration begann damit erst.[183]

Sowohl Daimler-Benz wie Chrysler hatten vor dem Zusammenschluss Automobile herstellt, doch war die Liste der Differenzen zwischen beiden Unternehmen lang. Während Chrysler lediglich Autos produzierte, wurden vom Daimler-Benz-Konzern auch LKW, Flugzeuge, Eisenbahnen und mit immer größerem Erfolg auch Dienstleistungen angeboten. Im wachsenden Dienstleistungssektor verfügte der Konzern mit Debis über eine ertragsstarke Tochter. Weiterhin stellen die Schwaben anerkanntermaßen Automobile von bester Qualität her, die Amerikaner dagegen legten mehr Wert auf ausgesprochen rationelle Fertigungstechniken und hohe Entwicklungseffizienz. Benötigen die Chrysler-Ingenieure anteilig 1000 DM pro Fahrzeug für die Entwicklung, verschlang diese Arbeit an jedem Mercedes etwa das Vierfache. Auch die Produktionsabläufe des amerikanischen Unternehmens waren deutlich effizienter.[184]

Von Beginn an wurde versucht die Vorteile beider Unternehmen zu nutzen und schnell Synergien zu erreichen Zumindest kurz nach der Fusion schien dies auch zu gelingen. Der Internationalisierungsgrad von Daimler-Chrysler war durch die Fusion deutlich gestiegen. Der Konzern hatte seine Position als Global Player weiter verbessert und dieses manifestierte sich 1999 in einem Umsatz von fast 150 Mrd. Euro, einem Auslandsumsatzanteil von über 80 Prozent, einer Mitarbeiterzahl von ca. 466 000, einer internationalisierten Unternehmensphilosophie und auch durch die Unternehmenssprache Englisch. Des Weiteren war die Anzahl der Produktionsstandorte im außereuropäischen Ausland auf über fünfzig angewachsen, davon befanden sich die meisten in Nordamerika und Asien. Auch die Anzahl der Vertriebsgesellschaften und -standorte hattet sich im Zuge der Fusion enorm vermehrt.[185]

Durch die Fusion sollten sich bedeutende Synergieeffekte ergeben. Dabei war jedoch wichtig, dass ein Transfer des Know-how und der Technologie zwischen den einzelnen Unternehmensteilen gewährleistet ist. Aus diesem Grunde schien das Potential des neu geschaffenen Unternehmens groß, doch nur eine wirklich erfolgreiche Integra-

183 Vgl. o. V. (2000b).
184 Vgl. ebd.
185 Vgl. ebd.

tion, insbesondere der Unternehmenskulturen, hätte dieses Potential auch freisetzen können.[186]

Innerhalb des ersten Jahres nach Beginn der Integration wurden die erwarteten Einsparungen in den Bereichen Einkauf, Produktion und Vertrieb erreicht und bereits Mitte 1999 von diesen Erfolgen getragen, die PMI Struktur aufgelöst.[187] Eine negative Entwicklung zeichnet sich jedoch ab, wenn man den Aktienkurs des Konzerns verfolgt. Eine kurze Euphorie zu Beginn der Fusion ist schnell einer anhaltenden, deutlichen Ernüchterung gewichen. Der Kurs ist stetig gefallen und bewegt sich seit langem auf einem niedrigen Niveau. Sicherlich spielten nach der ersten Integrationsphase auch andere Faktoren eine Rolle für die Aktienkursentwicklung, etwa die Entwicklung der Beteiligung an Mitsubishi Motors, doch scheint gerade die problematische Integration von Daimler und Chrysler den Kurs zu drücken. Die folgende Abbildung zeigt die Entwicklung des Börsenkurses der Daimler-Chrysler Aktie seit der Fusion. Es wird deutlich, dass sich die Daimler-Chrysler Aktie etwa im Vergleich zu den Werten anderer Automobilhersteller deutlich schlechter entwickelt hat als die Papiere der Wettbewerber.

Die Geschichte endete mit dem Verkauf von Chrysler zehn Jahre später. Am 3. August 2007 verkaufte DaimlerChrysler den Chrysler-Teil an Cerberus Capital Management. Cerberus übernahm einen 80.1% Anteil an der neuen Firma Chrysler Holding LLC. DaimlerChrysler änderte den Namen in Daimler AG und behielt 19.9%. Zusätzlich musste Daimler an Cerberus 650 Millionen US-Dollar zahlen.

Dies zeigt, dass in den Augen der Investoren und Analysten die Integration nicht funktioniert hat, insbesondere bezogen auf die “weichen” Faktoren. Diese werden im nächsten Abschnitt behandelt.

---

186 Vgl. o. V. (2000a), S. 78.
187 Vgl. Morosini (2001), S. 137.

Abbildung 39: Aktienkursentwicklung

3.3.2.2 Interkulturelle Aspekte und deren Bedeutung für die Fusion

Einige der interkulturellen Aspekte bei einer Fusion und deren Bedeutung für die folgende kulturelle Integration sollen am Beispiel von Daimler-Chrysler erörtert werden, um die Bedeutung und die Komplexität des Themas zu verdeutlichen und potentielle Gründe für die bereits dargestellte schwache wirtschaftliche Entwicklung des neuen Automobilkonzerns aufzuzeigen. Da in der Vergangenheit die Bedeutung einer sensiblen Integration bei Firmenzusammenschlüssen häufig unterschätzt worden ist und allein Zahlen und „harte“ Fakten im Vordergrund standen, was zum Scheitern vieler Fusionen führte, planten Daimler-Benz und Chrysler von Anfang an dieser Herausforderung große Aufmerksamkeit zu widmen. Schon sehr früh wurde in den Unternehmen nachgedacht, wie die kulturellen Barrieren nach einer Fusion überwunden werden können.[188]

„Mit dem gemeinsamen Vorstandsvorsitz wollen wir die gemeinsame Kultur an der Spitze des Unternehmens vorleben“, so der Vorstandsvorsitzende Jürgen Schrempp in seiner Rede auf der Jahreshauptversammlung anlässlich der Fusionsabstimmung am 18.

[188] Vgl. o. V. (2000c).

November 1998. „Wichtig ist: Entscheidungen des Vorstandes werden danach getroffen, ob sie sachgerecht sind und nicht, ob sie amerikanisch oder deutsch sind.“[189]

Offenbar hatten die beiden Vorsitzenden der neu entstandenen Daimler-Chrysler AG aus den Fehlern vorheriger Fusionen gelernt: „Wichtiger für unseren Erfolg ist, dass unsere Unternehmen eine gemeinsame Kultur und Aufgabe teilen“, so der ehemalige Chrysler CEO Bob Eaton. Aussagen dieser Art ziehen sich wie ein roter Faden durch die im Internet publizierten Informationsunterlagen zur Daimler-Chrysler Fusion.[190]

Besonders in der ersten Phase des Zusammenschlusses sollten die Führungskräfte ihre Vorbildfunktion nutzen. Symbole der gegenseitigen Achtung und Gesten neugierigen Kennenlernens wurden unternommen: nach Bekanntgabe der Fusion etwa tauschten die Vorstandsvorsitzenden Schrempp und Eaton einen Mercedes CLK und einen Jeep Wrangler aus.

Bei einer Fusion unter gleichen Partnern galt es sowohl nach Außen, d. h. insbesondere gegenüber den Kunden und Geschäftspartnern, wie auch gegenüber den Angehörigen beider Konzerne ein Bild des Zusammenwachsens zu entwickeln, bei dem keiner als Verlierer dasteht.[191]

In einer großen gemeinsamen Werbekampagne sollte der „positive Spirit“ der Fusion vermittelt werden. Aktionären, Kunden und Analysten sollten überzeugt werden, dass Daimler-Chrysler den Weg der Kulturintegration erfolgreich geht. Die Kommunikationsstrategen des Konzerns bemühten sich ein Bild der einträchtigen Harmonie zu zeichnen, doch ist es kaum möglich auf diese Weise interne Integrationsprobleme zu lösen. Die Angst Kompetenz, Macht und Status zu verlieren, hat sich nach Meinung von Experten scheinbar in allen Unternehmensbereichen als problematisch erwiesen.[192]

Im Rahmen der Fusion wurde einer umfassenden Gesamtkommunikationsstrategie für die Post Merger Integration eine große Bedeutung beigemessen, um Irritationen, Vertrauensverlust und Imageschäden zu vermeiden. Es wurde großer Wert auf eine genaue Planung der Kommunikationsaktivitäten, einen engen Kontakt der Kommunikationsabteilungen der beiden Unternehmen und ein transparentes und aktuelles Informationsangebot für die Medien gelegt. Auch die interne Kommunikation wurde berücksichtigt. Am Tag der Bekanntgabe der Fusion wurde die Präsentation an der New Yorker Börse live übertragen, die Mitarbeiter erhielten ein Begrüßungspaket, das auch eine

---

189 Vgl. o. V. (2000b).
190 Ebd.
191 Vgl. o. V. (2000d), S. 145ff. und o. V. (2000e).
192 Vgl. o. V. (2000b) und: o. V. (2000f).

Broschüre mit der neuen Vision für das Gesamtunternehmen und die Unternehmensziele beinhaltete und alle deutschen Mitarbeiter erhielten einen persönlichen Brief des Vorstandsvorsitzenden Jürgen Schrempp. Weiterhin wurde im Rahmen einer Roadshow die Belegschaft in den einzelnen Werken vor Ort von den Vorständen über den aktuellen Stand der Fusion informiert.[193]

Neben der Kommunikation des neuen „Wir"-Gefühls wurde auch versucht, einen möglichst umfassenden Wissenstransfer zu erzielen. Dazu wurde ein eigenes Team gebildet, das schon ganz zu Anfang der Transaktion seine Arbeit aufhenommen hatte. Das bestehende Wissen sollte identifiziert, gesammelt und Benchmarks erstellt werden, um all dies den jeweiligen Zugriffsberechtigten zur Verfügung zu stellen.[194] Die gesamte PMI-Kommunikation wurde dabei in fünf Bereichen geplant:

- Corporate Communication-Abteilung
- Management Development Corporate University-Abteilung
- PMI-Management Location Dialogs
- Top-Management Infobase
- Employee & Management Councils[195]

Der erste Bereich beschäftigte sich mit der Herausgabe verschiedener Printinformationen und der Einführung eines Business TV. Der zweite Bereich plante Seminare und strategische Managementveranstaltungen. Der dritte Bereich organisierte getrennt nach Regionen Informationsveranstaltungen für Führungskräfte und Betriebsräte. Der vierte Bereich stellte eine IT-gestützte Plattform zur Verfügung, in der den Führungskräften der Status der einzelnen Projekte vorgestellt wurde und der fünfte Bereich, der sich auf Deutschland beschränkte, organisierte Treffen zwischen den leitenden Angestellten und den Sprechern der Arbeitnehmervertretungen.[196]

Zum Aufzeigen von bestehenden kulturellen Unterschieden und um das Verhalten des jeweils anderen besser verstehen zu können, wurden Schulungen durchgeführt. Dabei wurde besonderer Wert darauf gelegt zu erkennen, wie die Reaktion der Mitarbeiter des jeweils anderen Unternehmens aufgrund von bestimmten kulturell unterschiedlichen Verhaltensmustern war.[197]

---

[193] Grube/Töpfer (2002), S. 155.
[194] Grube/Töpfer (2002), S. 155f.
[195] Grube/Töpfer (2002), S. 156f.
[196] Vgl. ebd.
[197] Vgl. Grube/Töpfer (2002), S. 157.

Daimler-Chrysler wusste, dass kulturelle Konflikte ein entscheidendes Problem für das Scheitern von Mergers sein können und versuchte deshalb aktiv, die kulturelle Integration voranzutreiben. Unterschiede sollten thematisiert werden, statt sich der Hoffnung zu ergeben, dass diese sich von selbst erledigen.[198]

Die Unterschiede beider Unternehmenskulturen wurden im Vorfeld der Fusion genau untersucht und es wurde versucht, die Integrationsstrategien darauf abzustimmen. Eine gemeinsame Vision und gemeinsame Werte und Ziele wurden entwickelt. Um das Zusammenwachsen der Kulturen zu fördern, wurde aus den Reihen des Gesamtvorstandes ein „Chairman's Integration Council" gebildet, dessen Präsident der Amerikaner Stallkamp wurde, der vorher bei Chrysler für den Bereich Personenwagen zuständig gewesen war. Ziel war es, durch Information und Schulungsmaßnahmen die in den Kulturkreisen herrschenden unterschiedlichen Wertvorstellungen und Stile zu vermitteln und so eine vorsichtige Annäherung und gegenseitiges Verständnis zu fördern.[199]

Zuerst galt es die unterschiedlichen Managementstile anzugleichen. In der Chrysler Konzernzentrale in Auburn Hills pflegte man ein informelles Management, das einer zügigen Entwicklung, hoher Flexibilität und schnellen Entscheidungen dient. Bei Daimler Benz wurde eher eine bürokratische Kultur des Absicherns gelebt, das von zentralistischen Strukturen geprägt war. Sicherheit und Präzision standen in Stuttgart zu Lasten größerer Effizienz im Vordergrund. Ein behutsames, auf beide Seiten Rücksicht nehmendes Vorgehen wurde nach außen propagiert. Ob dies mit der nötigen Sorgfalt geschehen ist, scheint laut Presseberichten, die während der Integrationsphase erschienen, fraglich. Die Amerikaner meinten, ihre flexible Unternehmenskultur werde von den Deutschen unterdrückt und der Konzern werde mehr und mehr nach einem bürokratischen Muster geführt. Dies hat viele amerikanische Manager veranlasst, das Unternehmen zu verlassen.[200]

Schon früh wurde als ein weiterer entscheidender Punkt bei der Fusion der beiden Autobauer eine sensible Integration der unterschiedlichen Ingenieurskulturen erkannt. Aus Sicht der Amerikaner galten die Stuttgarter Ingenieure als „arrogante Besserwisser", die „pingelig, übereifrig und humorlos" seien, während die deutschen Entwickler die „amerikanische Leichtigkeit des Seins", die „geringe Eigenverantwortung" und das „mangelnde Qualitätsbewusstsein" störte. Wie erfolgreich diese Integration verlief, war von außen nur schwer zu bewerten, da sich eine erfolgreiche Entwicklungstätigkeit in

198 Vgl. Habeck et al. (2002), S. 113.
199 Vgl. ebd.
200 Vgl. Appel/Hein (1998), S. 242ff.

der Automobilbranche erst nach einem längeren Zeitraum feststellen lässt; die Aktienkursentwicklung scheint aber Integrations- bzw. Transferprobleme zu belegen.[201]

Große Unterschiede gab es auch bei den Entlohnungs- und Anreizsystemen. Von einer 35 Stundenwoche konnten amerikanische Arbeitnehmer ebenso nur träumen, wie von 30 oder mehr Urlaubstagen im Jahr. Deutschen Arbeitnehmern hingegen schien eine Gewinnbeteiligung von ca. 8.000 DM, wie sie den Chrysler Mitarbeitern 1997 ausgezahlt wurde, sicher zu gefallen. Aber eine Gewinnbeteiligung bedeutet immer auch ein Übernehmen von unternehmerischen Risiken und dies ließ sich mit der deutschen Mentalität und den deutschen Gewerkschaftsvertretern nur schwer realisieren. Auf den höheren Ebenen war die Entscheidung zugunsten der amerikanischen Supergehälter schnell gefallen. Jürgen Schrempp war der erste deutsche Manager, der etwa 20 Mio. DM als Jahressalär einstreichen durfte. Verschiedene Traditionen und Vorstellungen in diesen Bereichen wurden für lange Zeit kulturspezifisch behandelt, d. h. in jedem Land unterschiedlich. Dies war sicherlich von einem pragmatischen Standpunkt aus sinnvoll, verbesserte aber nicht die Integration.[202]

Es zeigt sich, dass beide Partner auf interkulturelle Herausforderungen vorbereitet waren und einige Maßnahmen zur Prävention und Lösung von Problemen ergriffen. Trotz aller positiven PR im ersten Jahr nach dem Merger kann kaum von einer vollständigen, erfolgreichen Integration gesprochen werden. Dies wird besonders am schwachen Kurs der Daimler-Chrysler Aktie während und nach der Integrationsphase und der negativen Beurteilung des Integrationsprozesses von Beobachtern und Analysten deutlich.

3.3.2.3 Auswertung

Die bereits Mitte 1999 aufgrund der erreichten Synergien als „erfolgreich" abgeschlossene Integration hatte anscheinend viele Probleme im interkulturellen Bereich, etwa der Gleichberechtigung von deutschen und amerikanischen Managern oder des Wissensaustausches zwischen den Unternehmensteilen, nicht berücksichtigt oder lediglich auf einen späteren Zeitpunkt verschoben, so dass das Unternehmen bis zur Trennung darunter litt.[203] Es hat den Anschein, dass die zu erzielenden ökonomischen Synergien zu sehr im Mittelpunkt standen und als sich diese abzeichneten, die langfristige kulturelle Integration vernachlässigt wurde. Dies führte zu den beschriebenen anhaltenden Problemen.

---

[201] Vgl. o. V. (2000e) und Appel/Hein(1998), S. 250ff.
[202] Vgl. Appel/Hein(1998), S. 250ff.
[203] Vgl. Bolten (2003c) und Morosini (2001), S. 138.

Die relativ vollmundigen Ankündigungen bezüglich des „Merger made in Heaven" wurden nicht umgesetzt oder nicht gelebt.[204]

Das Potential für eine gemeinsame, effiziente Unternehmenskultur ist nach Meinung der Konzernlenker vorhanden gewesen. Dieses Potential herauszuarbeiten und zu nutzen, ist für Daimler-Chrysler im Rahmen des Integrationsprozesses nur bedingt gelungen und diese Herausforderung wird wohl auch in Zukunft den Konzern weiter belasten. Die Strategien, die der Daimler-Chrysler Konzern für ein Zusammenwachsen der unterschiedlichen Unternehmenskulturen hatte, sind offensichtlich nicht aufgegangen. WASSERSTEIN geht sogar so weit, den für ihn auch aufgrund von Spannungen zwischen deutschen und amerikanischen Managern als misslungene bezeichneten Merger als „lesson in (...) the importance of a sound integration strategy"[205] zu bezeichnen.[206] Auch BOLTEN stellt fest, dass die „aktuelle Verdrängung amerikanischer Manager aus wichtigen Führungspositionen zeigt, dass eine „Interkultur" im Sinne eines ursprünglich angestrebten „merger of equals" bereits mittelfristig nicht haltbar ist, weil sich Denkweisen, Strategien etc. einer der Partner – in diesem Fall des deutschen – durchsetzen. Ohne an dieser Stelle im einzelnen über die Ursachen spekulieren zu wollen, wird deutlich, dass eine „Identität" zumindest synthetisch nicht erreichbar ist."[207]

Wie auch die in Kapitel 3.1 und 3.2 ausgewerteten empirischen Studien gezeigt haben, spielen die „weichen" Faktoren für eine langfristig erfolgreiche Integration eine entscheidende Rolle. Die Berücksichtigung der Unternehmenskulturen und ein langfristig angelegtes Konzept zu deren Integration sollte dabei im Fokus stehen. Doch selbst ein guter Plan und das Wissen und die potentiellen Herausforderungen reichen nicht aus, wenn nicht langfristig mit voller Unterstützung des Top-Managements an der Erreichung einer kulturellen Integration gearbeitet wird.

3.3.3 Integration von zwei Akquisitionen eines europäischen Stahlunternehmens

3.3.3.1 Hintergrund der Fallstudie

In dieser Fallstudie wird das Vorgehen beim Integrationsmanagement eines großen europäischen Stahlunternehmens untersucht. Da es sich bei diesem Themenbereich um aktuelle, sehr sensible, strategische Informationen handelt, musste den Unternehmen

---

[204] Morosini (2001), S. 137.
[205] Wasserstein (2001), S. XXIII
[206] Vgl. Wasserstein (2001), S. XXIIIf.
[207] Bolten (2001), S. 11.

sowie allen Beteiligten vom Verfasser dieser Arbeit absolute Vertraulichkeit zugesichert werden. Alle Daten und Informationen werden daher in anonymisierter Form dargestellt. Als Quellen für die Untersuchung dienten Unternehmensveröffentlichungen, Geschäftsberichte, unternehmensinterne Dokumente sowie die Ergebnisse einer Mitarbeiterbefragung und vor allem Gespräche und Interviews mit Führungskräften und Integrationsverantwortlichen. Aus Gründen der bereits erwähnten Vertraulichkeit werden diese Quellen jedoch nicht näher detailliert. Direkte Zitate aus den Interviews werden im folgenden Text durch kursive Schrift und Anführungszeichen gekennzeichnet.

Es wird die Akquisition und folgende Integration von zwei Unternehmen durch das Stahlunternehmen (im Folgenden „Unternehmen A“ genannt) untersucht. Die erste Akquisition wird im Folgenden „Unternehmen B“ genannt, das zweite Unternehmen welches gekauft wurde wird im Folgenden „Unternehmen C“ genannt.

Hintergrund der Unternehmenszukäufe war, dass Unternehmen A im Rahmen einer geplanten Expansion ein nicht-organisches Wachstum anstrebte und sich gleichzeitig entlang der Wertschöpfungskette diversifizieren wollte. Weiterhin sollten natürlich durch die Akquisitionen Synergien freigesetzt werden. Entsprechende Übernahmekandidaten fanden sich nicht im eigenen Land, sondern in unterschiedlichen europäischen Ländern. Insofern stand Unternehmen A nach den Übernahmen vor der Herausforderung einer interkulturellen Integration und dient somit als ein ausgezeichnetes Anschauungsobjekt für diese Arbeit.[208]

3.3.3.2 Beschreibung der Unternehmen sowie der jeweiligen Unternehmenskulturen

An dieser Stelle werden die drei im Rahmen der Fallstudie betrachteten Unternehmen und deren Kulturen kurz dargestellt:

- **Unternehmen A:** Der Unternehmensbereich, in den die beiden Akquisitionsobjekte eingegliedert werden sollten, hatte vor der Transaktion rund zweitausend Mitarbeiter und trug etwa fünf Prozent zum Konzernumsatz bei. Das Ziel im Rahmen der Diversifizierung und der Zukäufe war, diesen Anteil deutlich zu erhöhen. Das betrachtete Käuferunternehmen weist die tradierte Unternehmenskultur eines klassischen großen europäischen Stahlkonzerns auf. In den Interviews wurde das Unternehmen als eher konservativ und hierarchisch mit teilweise etwas verkrusteten Strukturen dargestellt. In diesem *„bodenständigen“* Konzern seien Verlässlichkeit und Loyalität zum Unternehmen entschei-

[208] Vgl. Palm (2005d), S. 24ff.

dende Grundwerte. Die Mitarbeiter sehen sich als große Gemeinschaft, die an einem Strang ziehen.

- **Unternehmen B:** Mit etwa zweitausend Mitarbeitern war das erste Akquisitionsobjekt fast genauso groß wie das Käuferunternehmen, jedoch mit einem niedrigeren Umsatz. In diesem Unternehmen wurde die Unternehmenskultur vor der Akquisition als sehr offen beschrieben. In einer wenig hierarchischen Umgebung wurde großer Wert auf gute zwischenmenschliche Beziehungen und ein freundschaftliches, gleichberechtigtes Miteinander gelegt. Gute Laune war in dieser *„Alles-ist-möglich-Kultur"* stets wichtig, genau wie ein offener Umgang miteinander. Von außen wurde diese Offenheit teilweise nur als scheinbar existent wahrgenommen, gepaart mit einer anscheinend existierenden Angst vor Kontrollverlust der Mitarbeiter.
- **Unternehmen C:** Mit etwas über vierhundert Mitarbeitern war das zweite Akquisitionsobjekt nur etwa ein Viertel so groß wie das Käuferunternehmen und Unternehmen B. Auch der Umsatz war dementsprechend deutlich geringer. Der Betrieb befand sich in einer wirtschaftlich kritischen Phase, was auch ein Grund für den Verkauf war. Im Unternehmen C herrschte vor der Übernahme die für ein Familienunternehmen relativ typische, hierarchische und auf den Eigentümer fokussierte Unternehmenskultur. Die Mitarbeiter fixierten sich sehr stark auf die eigene Abteilung und dieses starke Abteilungsdenken habe in der seinerzeit schlechten wirtschaftlichen Situation andere Abteilungen teilweise als Feindbild dargestellt. Von außen wirkten die Mitarbeiter zum Teil etwas unglücklich und phlegmatisch. Technisches Expertenwissen war das einzige, was in diesem Unternehmen zählte, und zu den Nichttechnikern im Unternehmen gab es nur rudimentäre Verknüpfungen.

Eine Kategorisierung der Kulturen der Unternehmen nach HOFSTEDE[209] auf Basis der geführten Interviews ist im folgenden Schaubild dargestellt:

[209] Für eine Erläuterung der Kulturdimensionen von Hofstede siehe Kapitel 2.2.1.

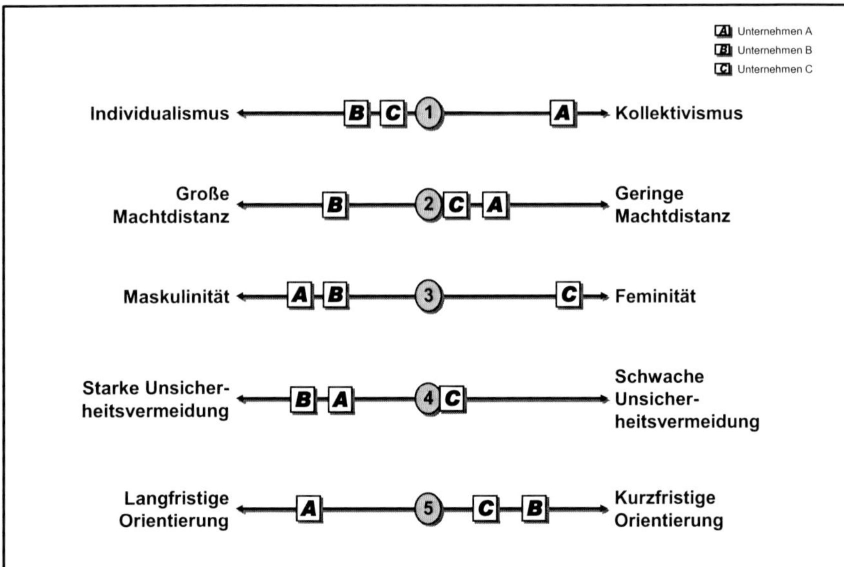

Quelle: Eigene Darstellung. Achsen nach Schreier (2001), S. 34.

Abbildung 40: Einordnung der Unternehmenskulturen nach HOFSTEDE

In der ersten Kulturdimension zeigt sich, dass Unternehmen A deutlich kollektivistischer orientiert ist, als Unternehmen B und C. In der Dimension der Machtdistanz ist diese bei Unternehmen B ausgeprägter, als in den beiden anderen Unternehmen. Während Unternehmen A und B stärker zu einer maskulinen Kultur neigen, ist bei Unternehmen C eine eher feminine Kultur zu finden. Bezüglich der vierten Dimension tendieren A und B deutlicher zu einer starken Unsicherheitsvermeidung als Unternehmen C. Die Orientierung von A ist eher langfristig, während B und C kurzfristiger orientiert sind.

Auf Basis dieser Einordnung ergibt sich ein Bild, das für eine kulturelle Integration einige potentielle Herausforderungen aufzeigt, die eventuell erst mittel- bis langfristig hervortreten könnten.[210] So könnte etwa die große Machtdistanz von Unternehmen B im Vergleich zu A und C oder die sehr langfristige Orientierung im Gegensatz zu den beiden anderen Unternehmen zu Schwierigkeiten bei der Zusammenarbeit führen.

[210] Bolten (2003c), S.23f. geht davon aus, dass nicht beachtete interkulturelle Probleme auch erst Jahre nach der eigentlichen Integrationsphase M&A scheitern lassen können.

3.3.3.3 Mitarbeiterbefragung vor Beginn des Integrationsprozesses

Neben den geführten qualitativen Interviews bilden Auszüge aus einer Mitarbeiterbefragung zu Beginn des Integrationsprozesses die Grundlage für diese Fallstudie. Dazu wurde auf einer anonymisierten Intranetplattform ein Fragebogen zur Verfügung gestellt, den jeder Mitarbeiter einmal ausfüllen konnte. Die Beteiligung in allen Unternehmen lag knapp über 75% und kann somit für die jeweiligen Unternehmen als repräsentativ gelten. Die Befragung fand parallel in allen drei Unternehmen statt. Ziel war es, den derzeitigen Status quo in Unternehmen A, B und C festzustellen und dieses Wissen für den weiteren Integrationsprozess zu nutzen. Die Ergebnisse werden im Folgenden vorgestellt und diskutiert.

In der ersten Frage zeigt sich, dass in keinem der drei Unternehmen eine Mehrheit der Mitarbeiter das eigene Unternehmen für erfolgreicher als die Wettbewerber hält. Daher befürworten auch jeweils über die Hälfte der Befragten die Eingliederung der Unternehmen in eine einzige Gruppe (Frage zwei). Eine noch breitere Zustimmung findet die Aussage in Frage drei, dass eine stärkere Integration langfristig die Marktchancen im Kernbereich des eigenen Unternehmens erhöht. Somit ist die Mehrzahl der Mitarbeiter – insbesondere aus das jeweilige Unternehmen betreffenden ökonomischen Gründen – einer Integration gegenüber positiv eingestellt.

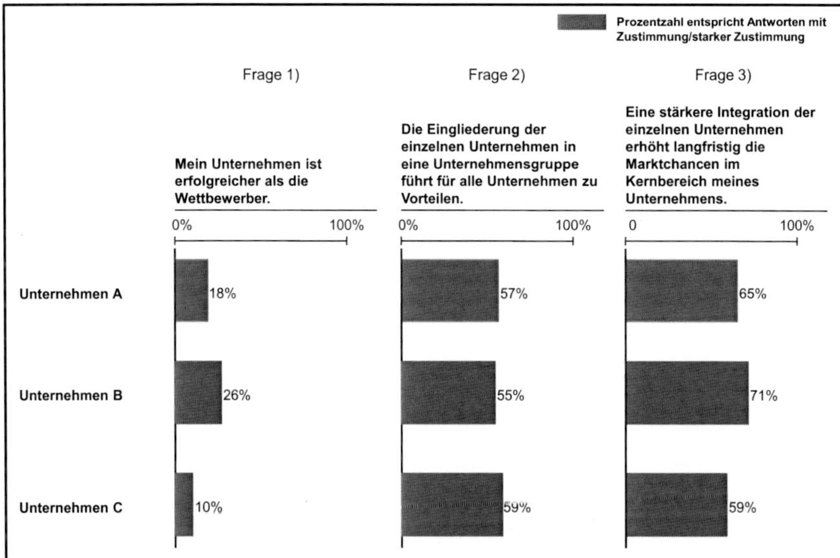

Quelle: Eigene Darstellung.

Abbildung 41: Ausgewählte Ergebnisse der Mitarbeiterbefragung Teil 1

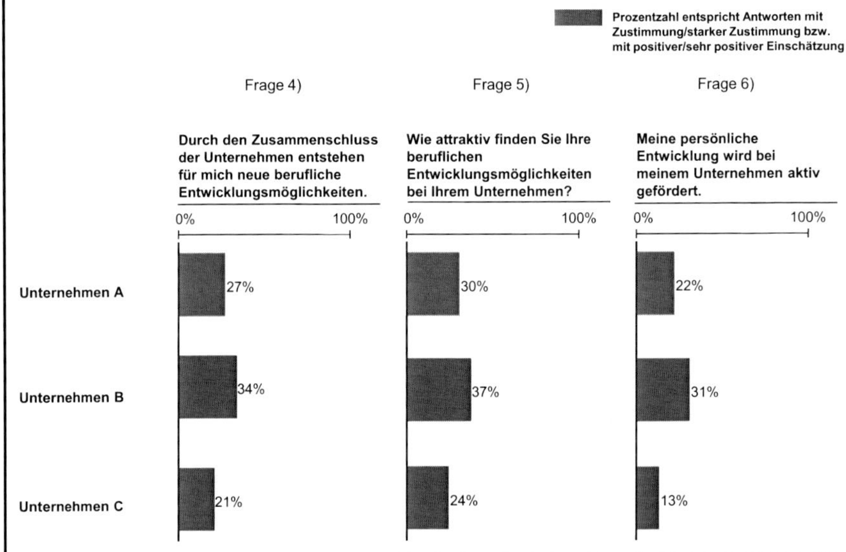

Quelle: Eigene Darstellung.

Abbildung 42: Ausgewählte Ergebnisse der Mitarbeiterbefragung Teil 2

Auf der persönlichen Ebene relativiert sich das positive Bild bezüglich der Integration etwas. Neue berufliche Entwicklungsmöglichkeiten für die eigene Person durch den Zusammenschluss sehen nur etwa jeweils ein Drittel der Mitarbeiter in Unternehmen A und B und ca. ein Fünftel der Mitarbeiter in Unternehmen C (Frage vier) und auch die beruflichen Entwicklungsmöglichkeiten im eigenen Unternehmen werden nur wenig besser gesehen (Frage fünf). In Frage sechs zeigt sich, dass nur 13% der Mitarbeiter in Unternehmen C sich in ihrer persönlichen Entwicklung aktiv gefördert sehen. Dieses Gefühl haben bei Unternehmen A 22% und bei Unternehmen C 31% der Befragten. Dies kann wiederum ein Hinweis auf differierende Unternehmenskulturen sein.

Unterschiedlich – und durchaus in Zusammenhang mit den vorgestellten Unternehmenskulturen zu sehen – beurteilen die Befragten in Frage sieben die Zusammenarbeit mit Kollegen außerhalb der eigenen Abteilung. Positiv nehmen diese 47% in Unternehmen B war, während es bei A nur 36% und in C lediglich 24% sind. Aus dieser unterschiedlichen Bewertung der Zusammenarbeit mit „Abteilungsfremden" könnten durchaus im Rahmen einer Integration Konflikte resultieren, da dann auch mit zumindest vormals „Unternehmesfremden" zusammengearbeitet werden muss.

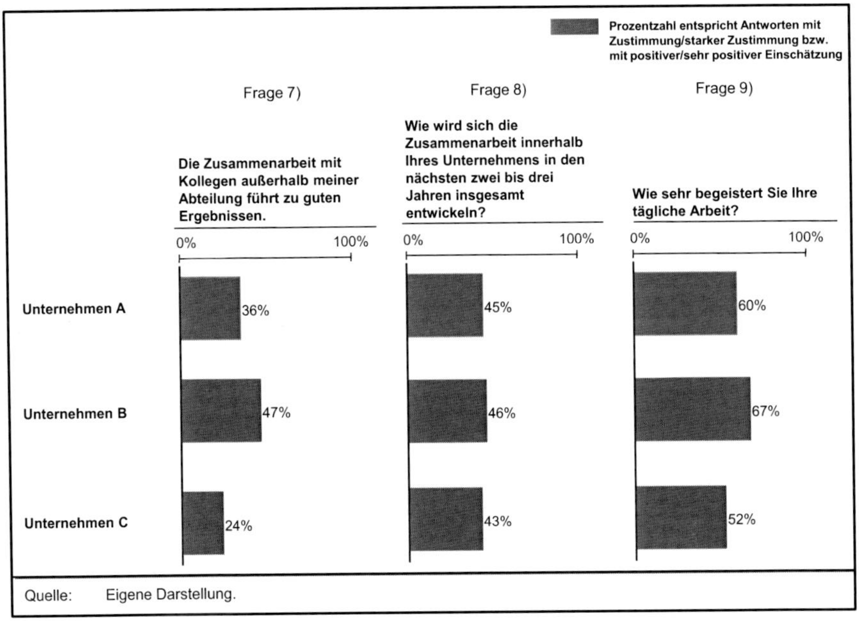

Abbildung 43: Ausgewählte Ergebnisse der Mitarbeiterbefragung Teil 3

Dennoch haben jeweils deutlich über 40% der Befragten in allen Unternehmen das Gefühl, die Zusammenarbeit innerhalb des Unternehmens werde sich in den kommenden Jahren gut entwickeln (Frage acht). Begeistert von der täglichen Arbeit zeigen sich bei der neunten Frage in Unternehmen B 67% der Befragten, in Unternehmen C sind es 15% weniger, Unternehmen A liegt mit 60% etwa dazwischen. Auch hier zeigt sich wieder eine unterschiedliche Einstellung, die in differierenden Unternehmenskulturen ihren Ursprung haben könnte.

Auf Basis der Mitarbeiterbefragung zeigt sich, dass in allen Unternehmen eine Mehrzahl der Mitarbeiter eine Integration befürworten, jedoch auf einer persönlichen Ebene deutlich weniger Befragte die Integration für vorteilhaft halten. Auch wird, wie bei der Einordnung der Unternehmenskulturen, deutlich, dass für eine kulturelle Integration einige potentielle Hindernisse bestehen, etwa Aufgrund auf Grund der unterschiedlichen Einschätzung von Zusammenarbeit oder Begeisterung für die eigene Arbeit. Diese potentiellen Hindernisse sollten im Rahmen des Integrationsmanagements berücksichtigt werden, da diese das Unternehmen ansonsten auch noch mittel- bis langfristig belasten könnten.

3.3.3.4 Vorgehensweise bei der M&A-Transaktion, speziell im Integrationsprozess

In diesem Abschnitt soll die Vorgehensweise von Unternehmen A bei der Integration der beiden Akquisitionen Unternehmen B und Unternehmen C beschrieben werden.

„Da die Gesamtstrategie zu Beginn der Integration noch nicht ausgearbeitet war, war eine klare Zielfestlegung für die Integration nur schwer möglich."

Das Vorgehen folgte offenbar keiner klaren theoretischen Struktur. Dies lag hauptsächlich an einer nicht klar definierten Grundausrichtung der Integration und deren Ziele. Da direkt nach den Unternehmenskäufen, Unternehmen A noch mit der Ausarbeitung einer Gesamtstrategie beschäftigt war, war es nicht möglich, auf Basis einer solchen existierenden Gesamtstrategie klare Ziele für die Integration festzulegen. In der Akquisitionsplanung lag der Fokus eindeutig auf einem Fit der Finanzdaten und Produktgruppen. Durch einen großen Eigendruck von Unternehmen A zu akquirieren, um unter einer breiteren Abdeckung der Wertschöpfungskette zu wachsen, fand etwa eine kulturelle Due Diligence nur in einem sehr groben Rahmen durch den Bereich HR statt. Laut Aussagen der Interviewpartner, wäre auch ein Cultural Misfit definitiv kein Kriterium gewesen, den Kauf nicht durchzuführen.

Nach den relativ schnell nacheinander erfolgten Zukäufen von Unternehmen B und Unternehmen C war die Grundausrichtung der Integration noch eher unklar, da eine Gesamtstrategie noch nicht formuliert war. Somit erfüllte das Integrationsmanagement eher eine Art *„Feuerwehrfunktion"* und versuchte eine Zusammenarbeit zwischen den Unternehmen zu ermöglichen. In den Kaufverhandlungen wurde Unternehmen B versprochen, für einen gewissen Zeitraum nicht in das operative Geschäft einzugreifen, was es im Rahmen der Integration schwer macht, Synergiepotentiale zu erkennen und umzusetzen. Da Unternehmen C sich direkt nach dem Kauf in einer wirtschaftlich angespannten Situation befand, wurde ein von Unternehmen A nur grob gesteuertes Reengineering zur Prozessverbesserung in Unternehmen C aufgesetzt. Gleichzeitig erhielt Unternehmen C einen neuen Geschäftsführer aus Unternehmen A. Bei Unternehmen C wurde direkt nach der Akquisition die Corporate Identity und das Corporate Design an Unternehmen A angepasst. Bei Unternehmen B sollte diese Anpassung etwas langsamer in drei Schritten erfolgen.

In allen Unternehmen gab es nach der Akquisition Informationsveranstaltungen, Betriebsversammlungen, Briefe an die Mitarbeiter und Informationen für Presse, Kunden und Lieferanten. Es gab eine Führungskräfte-Tagung für das Management aller Unternehmen in der Zentrale von Unternehmen A und die Neuakquisitionen wurden im Mitarbeitermagazin von Unternehmen A vorgestellt. Diese Formen der Kommunikation fanden hauptsächlich direkt nach der jeweiligen Akquisition statt und waren nicht Teil eines abgestimmten Gesamtintegrationsplans.

Im Rahmen der Integration stand die Unternehmenskultur nicht im Fokus. Die unterschiedlichen Länderkulturen wurden zwar berücksichtigt und auch das Wissen um evtl. unternehmenskulturelle Unterschiede wurde im Hinterkopf behalten, doch lag der Fokus eindeutig darauf, Prozesse und Strukturen zu integrieren. Bisher seien keine akuten Probleme aufgrund kultureller Unterschiede aufgetreten, die Zusammenarbeit funktioniere. Dennoch machen die „weichen“ Faktoren offensichtlich das Management etwas nervös, da unterschwellige Konflikte kaum messbar sind und aufgrund der kulturellen Veränderung immer noch Differenzen auftreten könnten.

„Eine klare Vision ist wichtig für eine erfolgreiche Integration.“

In den Gesprächen kam deutlich die Notwendigkeit und Bedeutung einer ausgearbeiteten Unternehmensstrategie zum Ausdruck sowie die Wichtigkeit einer klaren Vision als Teil der Gesamtstrategie, die den Mitarbeitern aufzeigt, wohin der Weg – besonders im Kontext der Integration – gehen soll.

„Kommunikation ist extrem wichtig für die Integration, wir hätten noch genauere Pläne erstellen müssen.“

Die Integrationsverantwortlichen schätzen die Bedeutung von Kommunikation für eine erfolgreiche Post Merger Integration als sehr hoch ein. Leider sei in den zwei dargestellten Beispielen kein klares Konzept vorhanden gewesen und die Planung hätte aufgrund von Ressourcenmangel zu spät stattgefunden. Somit wird in diesem Bereich noch ein Verbesserungspotential gesehen, und es ist geplant, in Unternehmen A das Kommunikationsvorgehen für die Zukunft möglichst in einer Corporate Communication-Funktion zu bündeln. Im Rahmen eines zu erstellenden Gesamtkonzeptes für die Post Merger Integration soll auch in Zukunft die dafür notwendige Kommunikation eine wichtige Rolle spielen.

„Ein spezielles Training hätte uns eventuell noch besser auf die anderen Kulturen oder den Umgang damit vorbereiten können.“

Eine Arbeit mit externen Partnern, wie interkulturellen Trainern oder Beratern im Bereich Unternehmenskultur oder Kommunikationsfachleuten für die Integrationskommunikation fand nicht statt. Für die Zukunft ist jedoch geplant, allgemein kultursensibilisierende Trainings mit einem externen Berater durchzuführen. Diese informellen Trainingsveranstaltungen sollen in einer spezifisch auf das Management ausgerichteten Form vorhandenes Kulturbewusstsein spielerisch testen sowie Fragen zu kulturellen Themen beantworten. Dieses Training soll explizit nicht integrationsspezifisch angelegt werden, wobei nicht ausgeschlossen ist, dass auf die aktuell laufende Integration und daraus resultierende Fragen eingegangen wird.

3.3.3.5 Ergebnisse und Status quo

Auch über ein Jahr nach den eigentlichen Akquisitionen stand die Integration noch relativ weit am Anfang. Danach ist auf Basis der dann vollständigen Unternehmensstrategie ein Integrationskonzept ausgearbeitet worden, wobei die Integration von Geschäftsprozessen und -strukturen eindeutig im Vordergrund steht und der kulturellen Integration zunächst keine größere Bedeutung beigemessen wurde, auch, weil bis dato keine Probleme Aufgrund kultureller Differenzen wahrgenommen wurden.

Da es nach dem Kauf der Unternehmen anfänglich keine klar formulierte Strategie und somit auch keine wirklich festen Integrationsziele gab, war es schwer, zu diesem Zeitpunkt über einen Erfolg oder Misserfolg der Integration zu befinden. Dadurch, dass alle Integrationsprojekte intensiv verfolgt wurden, das neue Integrationskonzept auf Basis der dann definierten Strategie umgesetzt und eine komplette Integration der Geschäftsprozesse und -strukturen erreicht wurde, kann die Integration derzeit als erfolgreich gewertet werden.[211]

3.3.3.6 Auswertung

Anhand dieser Fallstudie zeigt sich, wie wichtig eine klare Gesamtstrategie für das Aufstellen eines Integrationsplanes nach einer M & A-Transaktion ist. Allein auf dieser Basis kann ein Integrationskonzept und eine klare Vision sinnvoll entwickelt werden. Weiterhin wurde deutlich, dass es die Integration erleichtert, wenn das Konzept so früh wie möglich fertig gestellt wird und die Verantwortung für die Integration sowie ein klarer Umsetzungswille im Top-Management verankert sind. Ob es ausreicht, die kulturelle Integration lediglich mit einer leichten Berücksichtigung der landeskulturellen Unterschiede anzugehen und die Integration von Geschäftsprozessen und -strukturen in den Mittelpunkt zu stellen, muss die Zukunft zeigen. Die Einordnung der Unternehmenskulturen nach HOFSTEDE und die Ergebnisse der Mitarbeiterbefragung haben deutlich gemacht, dass kulturelle Differenzen bestehen. Diese könnten, wie BOLTEN zu bedenken gibt, auch wenn vorerst alles funktioniert, noch mittel- bis langfristig zu Komplikationen führen.[212] So könnte es bezogen auf die langfristigen Ergebnisse der

[211] Vgl. Palm (2005d), S. 24ff.

[212] Vgl. Bolten (2003c), S.23f.

kulturellen Integration sinnvoll sein, potentielle Herausforderungen proaktiv anzugehen, als lediglich abzuwarten.

Es wurde veranschaulicht, dass Unternehmenskultur und deren Bedeutung für den Integrationserfolg ein durchaus kontroverses Thema ist, zu dem Integrationsverantwortliche unterschiedliche Meinungen haben. Einigkeit wiederum besteht über die Bedeutung von Kommunikation für den gesamten Integrationsprozess und somit auch für die Integration von Unternehmenskulturen. So hat auch diese Fallstudie belegt, dass Kommunikation ein zentraler Bestandteil für eine erfolgreiche Integration ist.

Es kam weiterhin zum Ausdruck, dass das Durchführen einer kulturellen Due Diligence als durchaus sinnvoll erachtet wird, um zumindest das Wissen über die jeweiligen Unternehmenskulturen zu besitzen, auch wenn diese nicht spezifisch in der Integration berücksichtigt werden sollen. In den aktuellen Fällen kam es jeweils nur auf die reinen Zahlen an, "weiche" Faktoren wurden nicht untersucht und waren auch nicht maßgebend für eine Entscheidung. Interkulturelle Trainings als Vorbereitung auf die Integration bzw. während der Integration wurden bisher nicht durchgeführt, werden aber in einem gewissen Rahmen als sinnvoll für eine erfolgreiche PMI angesehen.

3.3.4 Fallbeispiele

Ergänzend zu den detaillierten Fallstudien sollen hier kurze Fallbeispiele bestimmte Einzelaspekte beleuchten, die im Kontext dieser Arbeit von Bedeutung sind.

3.3.4.1 BP und Amoco – Unternehmenskulturelle Konflikte

Im Jahre 1998 suchte der BP CEO John Browne einen Fusionspartner für sein Unternehmen. Verhandlungen mit den Vorständen der Firma Mobil und eine Untersuchung der beiden Unternehmenskulturen hatte ergeben, dass diese nicht harmonieren, so dass man auf keinen gemeinsamen Nenner kam und die Fusionsidee nicht realisiert wurde. Browne hat bereits als Vorstandsmitglied bei Daimler Benz die Bedeutung kultureller Faktoren bei der Vorbereitung der Fusion mit Chrysler verfolgen können und legte deshalb Wert auf einen Cultural Fit.[213]

Aus kulturellem Blickwinkel machbar erschien eine Fusion zwischen BP und Amoco, da BP bereits 1987 das amerikanische Unternehmen Standard Oil of Ohio

[213] Vgl. Habeck et al. (2002), S. 114f.

gekauft und integriert hatte. Auf dieser Basis kam es daraufhin zur Fusion zwischen den beiden Unternehmen.[214]

Trotz der Bedeutung, die den kulturellen Faktoren beigemessen wurde, gab es im Frühjahr 1999 erste Meldungen, das BP immer mehr Amoco seine Kultur aufzuzwingen versuche. Dies zeigt, dass es auch mit dem entsprechenden Wissen und einer geplanten Berücksichtigung kultureller Faktoren immer noch zu Problemen im Rahmen des Integrationsmanagements kommen kann.[215]

3.3.4.2 Kauf von Lands' End durch Sears – Verzicht auf kulturelle Integration

Als das Warenhausunternehmen Sears im Jahre 2002 bekannt gab, dass es das Versandunternehmen für Kleidung Lands' End übernehmen wolle, war für Beobachter die Strategie klar: Sears musste unbedingt sein Bekleidungsgeschäft verstärken und Lands' End war eine angesehene Marke mit loyalen Kunden, doch gleichzeitig gab es große Bedenken, ob es nicht aufgrund der großen Unterschiede der Unternehmenskulturen zu Integrationsproblemen kommen könnte. Es stellte sich die Frage, wie Sears mit seinen langen Entscheidungswegen die schnelle Logistik und den anspruchsvollen Kundenservice, den Lands' End-Kunden gewohnt waren, würde garantieren können.[216]

Das Ergebnis der Integrationsplanung war, die Unternehmenskultur von Lands' End nicht anzutasten. Sears CEO Alan Lacey stellte fest, dass es hauptsächlich darum gehe, den Charakter und die Impulskraft des gekauften Unternehmens zu erhalten. So blieben beide Unternehmenskulturen parallel bestehen, lediglich einige Bereiche der technischen Abwicklung wie z.B. der Einkauf, wurden integriert. Weiterhin gab es Ansätze zum Cross-selling von Lands' End-Produkten in den Ladengeschäften von Sears und den Austausch über Kundeninformationen, um das Kundenbeziehungsmanagement zu verbessern.[217]

Da es keine großen Überlappungen zwischen den beiden Unternehmen gab, war eine gemeinsame Kultur nicht essentiell und somit wurde die Chance genutzt, die erfolgreiche Kultur nicht zu zerstören. Das erste sichtbare Ergebnis war eine Umsatzsteigerung um 10%, die bereits im vierten Quartal 2002 erreicht wurde.[218]

---

[214] Vgl. ebd.
[215] Vgl. ebd.
[216] Vgl. Vestring et al. (2003), S. 10f
[217] Vgl. ebd.
[218] Vgl. ebd.

3.3.4.3 USAir und Piedmont Airlines – Bedeutung kultureller Unterschiede

Im Jahre 1987 kaufte USAir die im Süden und Osten der USA tätige, regionale Fluggesellschaft Piedmont Airlines ein. Vor dem Merger zählten sowohl das aus Pittsburgh stammende Käuferunternehmen als auch der Übernahmekandidat zu den profitabelsten Unternehmen dieses Industriezweiges.[219]

Trotz der offensichtlichen kulturellen Unterschiede versuchte USAir unmittelbar nach der Transaktion Piedmont die USAir-Kultur aufzuzwingen. Während USAir die bürokratische und selbstgefällige Kultur eines führenden Unternehmens, das sich nicht auf Veränderungen des Umfeldes einzustellen brauchte, an den Tag legte, zählte bei Piedmont Airlines eher der unternehmerische Geist, wodurch eine breite Unterstützung durch die Mitarbeiter sichergestellt wurde. Auch die Übernahme des etwas niedrigeren Servicelevels für beide Unternehmen sorgte für starke Gegenreaktionen der früheren Kunden von Piedmont.[220]

Das Ergebnis dieses Integrationsvorgehens spiegelt sich im Börsenkurs der USAir-Aktie wider, die im August 1990 rund zweidrittel weniger wert war als vor dem Merger. Aufgrund der Integrationsprobleme geriet die Fluggesellschaft in starke Turbulenzen, so dass sie fast Bankrott ging. Erst 1995 gelang die Rückkehr in die schwarzen Zahlen.[221]

3.3.4.4 Roche und Boehringer Mannheim – Mangelnde Kommunikation als Integrationshindernis

Als die Schweizer Pharmagruppe Roche im Mai 1997 das Deutsche Unternehmen Boehringer Mannheim kaufte, war nach der offiziellen Bekanntgabe der Transaktion aufgrund fehlender Kommunikation unter den 18.000 Mitarbeitern von Boehringer eine extreme Unsicherheit sowie offenes Misstrauen dem Käufer gegenüber zu spüren. Mit der fehlenden Kommunikation zum Thema Stellenabbau und Standortkürzungen nahm die Unsicherheit unter den Mitarbeitern jeden Tag zu. Erst im Oktober 1997 kündigte das Management von Roche an, dass 5.000 Arbeitsplätze wegfallen sollten. Es wurde jedoch nicht klar, welche Standorte von diesen Kürzungen betroffen sein würden und so sank die Stimmung der Belegschaft auf einen Tiefpunkt, da diese instinktiv das Schlimmste annahmen.[222]

[219] Vgl. Kole/Lehn (1997).
[220] Vgl. Habek et al. (2002), S. 106f.
[221] Vgl. ebd.
[222] Vgl. Habeck et al. (2002), S. 129.

Auf diese Weise kam der Integrationsprozess extrem ins Stocken, da die Unsicherheit alle Vorgänge verlangsamte und verkomplizierte. Es kostete Roche in der Folgezeit sehr viel Aufwand, um das zerstörte Vertrauen wieder aufzubauen und die Wahrnehmung der Integration durch die Mitarbeiter zu verbessern. Dieses hätte mit einem passenden Integrationsplan und einer abgestimmten Kommunikationsstrategie vermieden werden können.[223]

3.3.5 Schlussfolgerungen aus den Fallstudien

Wie bereits in den ausgewerteten empirischen Studien deutlich wurde, spielen die „weichen“ Faktoren für ein erfolgreiches Integrationsmanagement eine entscheidende Rolle. Besonders wichtig sind in diesem Zusammenhang die Berücksichtigung der Unternehmenskulturen und eine ganzheitlich abgestimmte Kommunikationsstrategie zu sein. Daher sollte ein Gesamtintegrationsplan immer explizit die kulturelle Integration beinhalten, wobei besonders bei der Fallstudie des europäischen Stahlunternehmens deutlich wurde, dass sowohl der Plan zur kulturellen Integration wie auch der Kommunikationsplan auf einer stringenten Gesamtstrategie des Unternehmens mit klaren Zielen basieren sollte. Dies trifft besonders zu, wenn es um eine interkulturelle M&A-Transaktion geht. Hier muss bei der Erstellung des Integrationsplans eine noch größere Rücksicht auf die jeweiligen Kulturen und die daraus resultierenden Unterschiede genommen werden. Gleiches gilt bei der Planung der Kommunikationsstrategie.

Auch haben die Fallstudien gezeigt, dass ein deutlicher Cultural Fit nicht zwangsläufig für einen Integrationserfolg notwendig ist, wenn die entsprechenden Unterschiede im Rahmen der Integration eingehend berücksichtigt werden bzw. eine intensive Zusammenführung der Unternehmenskulturen nicht immer erfolgen muss. So zeigte sich etwa am Beispiel Sears und Lands' End, dass eine Koexistenz mit zwei eigenen Unternehmenskulturen nach einer Akquisition durchaus fruchtbar sein kann.

Weiterhin zeigt sich, dass eine prägnante und motivierende Vision, die die Gesamtstrategie zum Ausdruck bringt, maßgeblich die kulturelle Integration fördern kann und einen wichtigen Teil der Kommunikationsaktivitäten ausmachen sollte.

Insgesamt lässt sich nach Untersuchung der Fallstudien festhalten, dass die interkulturellen Faktoren berücksichtigt, die kulturelle Integration rechtzeitig und detailliert geplant und die dazu notwendige Kommunikationsstrategie darauf abgestimmt ausgearbeitet werden sollte.

---

[223] Vgl. ebd.

4

Lösungsansätze und Konzeptentwicklung

4.1 Entwicklung von Inhalten und Kriterien für ein Konzept zur Integration von Unternehmenskulturen nach interkulturellen M&A

Basierend auf der Empirie, insbesondere den eigenen Fallstudien, und der wissenschaftlichen Theorie zum Thema Post Merger Integration von Unternehmenskulturen nach interkulturellen Mergers & Acquisitions sollen an dieser Stelle die Kriterien und Inhalte festgelegt werden, die für ein Konzept zur Integration von Unternehmenskulturen in einem interkulturellen Kontext von Bedeutung sind. Im Mittelpunkt steht hierbei die Praxisrelevanz.

Alle Schritte müssen im Rahmen eines Gesamtintegrationsplans umsetzbar und klar verständlich sein. Die Fusionsverantwortlichen, d.h. bei einem Merger of Equals beide Unternehmen bzw. bei einer Akquisition zumindest das Käuferunternehmen, müssen auf Basis ihrer Gesamtstrategie eine klare Zielvorstellung hinsichtlich der kulturellen Integration haben. Vor Beginn des Integrationsprozesses sollte Klarheit darüber bestehen, ob etwa eine neue Drittkultur entwickelt werden soll oder die Kultur von einem der beiden Partner für beide Unternehmen übernommen werden soll. Dabei spielt das definitive Bekenntnis des Top-Managements zu diesen Zielen und dem dafür notwendigen Umsetzungsplan eine entscheidende Rolle.

Bei der Entwicklung der Integrationsziele bezüglich der Unternehmenskultur sollte auf jeden Fall ein klares Verständnis der bestehenden Kulturen vorhanden sein. Dieses Wissen um Gemeinsamkeiten und Unterschiede in den Unternehmenskulturen leisten einen entscheidenden Beitrag bei der Festlegung von Zielen und sollte ihm Rahmen einer Cultural Due Diligence erhoben werden.

Der Verlauf der kulturellen Integration und bestenfalls auch deren Planung sollten durch Fachleute, z.B. externe Berater und/oder speziell ausgebildete Mitarbeiter erfolgen. Außerdem sollten möglichst frühzeitig interkulturelle Integrationsteams mit Mitarbeitern aus den jeweiligen Kulturen geschaffen werden, um den Prozess zu unterstützen.

Spezielle interkulturelle Schulungsmaßnahmen und Trainings im Vorfeld und zu Beginn der Integrationsphase sollten die Mitarbeitern mit den Integrationszielen vertraut machen, den Umgang mit Neuem und Anderem erleichtern und auf potentielle Herausforderungen hinweisen. Ein zusätzliches interkulturelles Coaching während der Integrationsphase kann dieses vertiefen und konkrete Probleme adressieren.

Der zentrale Punkt eines jeden Integrationskonzeptes scheint eine ganzheitliche, offene Kommunikationsstrategie zu sein, die alle Stakeholder mit einbezieht. Dabei sollte diese Strategie bereits im Vorfeld der Integration detailliert ausgearbeitet und mit klaren Verantwortlichkeiten versehen sein. Wichtig scheint es auch, bei der Entwicklung des gesamten Kommunikationskonzeptes den interkulturellen Kontext zu berücksichtigen.

4.2 Bestandteile einer erfolgreichen interkulturellen Post Merger Integration von Unternehmenskulturen

Mit Blick auf die diskutierte Theorie und der bestehenden Integrationskonzepte und -ansätze sowie mit dem Wissen aus der Empirie soll nun ein pragmatisches Konzept entwickelt werden, um in einem interkulturellen Zusammenhang Unternehmenskulturen nach M&A zu integrieren. Dieses Konzept soll so aufgebaut sein, dass es zu den gängigen Gesamtintegrationsmodellen kompatibel ist und somit als passendes Modul für eine Integration von Unternehmenskulturen bei interkulturellen M&A dienen kann. Dabei muss berücksichtigt werden, dass als Grundvoraussetzung ein solcher Gesamtintegrationsplan auf Basis der künftigen Strategie für das bzw. die Unternehmen vorliegen muss, um in diesem Rahmen eine Integration von Unternehmenskulturen angehen zu können.[224] Im Rahmen des Gesamtintegrationsplans müssen als weitere Prämisse für das folgende Konzept klare Verantwortlichkeiten für die kulturelle Integration innerhalb des Gesamtintegrationsteams festgelegt sowie die zur Verfügung stehenden Ressourcen definiert werden. Zu beachten ist weiterhin, dass die einzelnen Inhalte des Integrationskonzeptes für Unternehmenskulturen wie bei einem Puzzle miteinander verzahnt sind und gemeinsam synergistisch wirken.

Fünf Grundpfeiler sollen diese interkulturelle Integration sicherstellen:

- **Kulturverständnis:** Dieser Bereich deckt das Verstehen der jeweiligen Unternehmenskultur der beiden zu integrierenden Unternehmen ab, welches aus der in der Pre Merger Phase durchgeführten Cultural Due Diligence resultieren sollte.
- **Klare Zielvorstellungen und Umsetzungswillen im Top-Management:** Klarer Vorstellungen bezüglich der Ergebnisse, die nach der Integration erreicht werden sollen, müssen bereits im Vorfeld der Integrationsphase definiert, deren Umsetzung im Laufe der Integration kontrolliert und vom Top-Management mit deutlichem Umsetzungswillen begleitet werden.
- **Interkulturelle Trainings, Schulungsmaßnahmen und Coaching:** Um potentielle landes- und unternehmenskulturelle Differenzen zu überbrücken und allen Beteiligten die notwendige interkulturelle Kompetenz zu vermitteln, sollte auf interkulturelle Trainings, Schulungsmaßnahmen und Coaching zurückgegriffen werden
- **Interkulturelle Integrationsteams und Mediatoren sowie externe Experten:** Um die kulturelle Integration zu forcieren, sollten interkulturelle Integrationsteams und Mediatoren eingesetzt sowie externe Experten mit relevanter Erfahrung zur Unterstützung genutzt werden.
- **Ganzheitliches interkulturelles Kommunikationskonzept:** Eine ganzheitliche Kommunikationsstrategie zur Integration von Unternehmenskulturen stellt gerade in einem interkulturellen Kontext einen erfolgsentscheidenden Faktor dar.

Dieses Konzept wird in der nachstehenden Abbildung visualisiert:

[224] Zu den Inhalten eines Gesamtintegrationsplans siehe die in Kapitel 2.1 vorgestellten Ansätze zur Post Merger Integration.

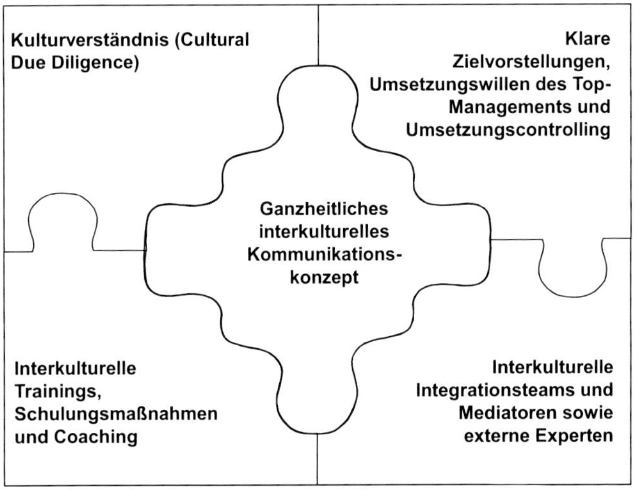

Quelle: Eigene Darstellung.

Abbildung 44: Konzept zur interkulturellen Integration von Unternehmenskulturen

Unter Berücksichtigung dieser fünf Bereiche sollte die Integration von interkulturellen Unternehmenskulturen deutlich besser gelingen als dies bisher der Fall war. Die einzelnen Bestandteile des Konzeptes werden im Folgenden detailliert erläutert.

4.2.1 Kulturverständnis

Der grundlegende Baustein für die Integration von Unternehmenskulturen ist das detaillierte Verständnis der beteiligten Kulturen. Beide Unternehmen sollten ein detailliertes Wissen über die jeweils eigene Landes- und Unternehmenskultur sowie die Landes- und Unternehmenskultur des anderen Unternehmens besitzen. Um dieses Ziel zu erreichen, ist die Durchführung einer Cultural Due Diligence, möglichst zu Beginn der Pre Merger Phase, essentiell.

Bereits im Exkurs zum Thema Cultural Due Diligence in dieser Arbeit wurde auf deren große Bedeutung für jede kulturelle Integration hingewiesen.[225] Allein das klare

[225] Zu den Formen und Möglichkeiten einer Cultural Due Diligence siehe Kapitel 2.3 sowie die dort angegebene Literatur.

Verständnis der jeweiligen Landes- und Unternehmenskulturen stellt eine wichtige Basis für eine erfolgreiche Integration dar.

Im Rahmen einer Cultural Due Diligence sollten beide Kulturen genau analysiert und dokumentiert werden, da die meisten Kulturunterschiede erst im unmittelbaren Vergleich hervortreten, ebenso wie daraus resultierende potentielle Hindernisse.[226] Wenn dieses innerhalb des gegebenen Zeitrahmens möglich ist und die vorhandenen Ressourcen zu Verfügung stehen, empfiehlt der Verfasser dieser Arbeit eine ganzheitliche, gründliche Cultural Due Diligence durchzuführen, da auf diese Weise das beste Kulturverständnis erreicht und die effektivsten Maßnahmen ausgearbeitet und implementiert werden können.[227] Sofern auf Grund der gegebenen Rahmenbedingungen diese intensive Untersuchung der Unternehmenskulturen nicht möglich ist, sollten im Rahmen eines pragmatischen Ansatzes zumindest die im Folgenden erläuterten Punkte geklärt werden. Die wichtigsten Punkte die untersucht werden sollten sind:[228]

- Werte
- Human Ressources
- Kognitive Strukturen
- Management
- Verhalten am Arbeitsplatz und landestypische Besonderheiten
- Kommunikation

Bei der Analyse der oben genannten Punkte sollte unter Bezug auf SCHEINS Eisberg-Modell[229] versucht werden, eine möglichst detaillierte Kenntnis der Inhalte zu erhalten, um auch die unter der Oberfläche liegenden unbewussten Werte und Basisannahmen zu verstehen. Mögliche Quellen hierfür sind:[230]

- Standardisierte Fragebögen
- Strukturierte und unstrukturierte Interviews

---

[226] Vgl. Habeck et al. (2002), S. 119.

[227] Die Cultural Due Diligence könnte etwa nach Strähle (2003a) erfolgen. Vgl. dazu auch Kapitel 2.3.4. Dabei vertritt der Verfasser dieser Arbeit bezüglich des kulturellen Fit, anders als Strähle, die Meinung, dass ein nichtvorhandener Fit nicht die Transaktion unterbinden sollte, wenn diese strategisch Sinn macht, sondern in einem solchen Fall vielmehr ein besonders Augenmerk auf die kulturelle Integration gerichtet werden sollte.

[228] Vgl. Galpin/Herndon (1999), S. 170ff., Grube/Töpfer (2002), S. 166ff., Habeck et al. (2002), S. 115ff. und Strohmer (2001), S. 130ff.

[229] Vgl. Kapitel 1.4.6.

[230] Vgl. Strohmer (2001), S. 130f.

- Analyse von Dokumenten
- Persönliche Inaugenscheinnahme und Beobachtung

Diese Untersuchungsinhalte werden im nächsten Schaubild noch detailliert:

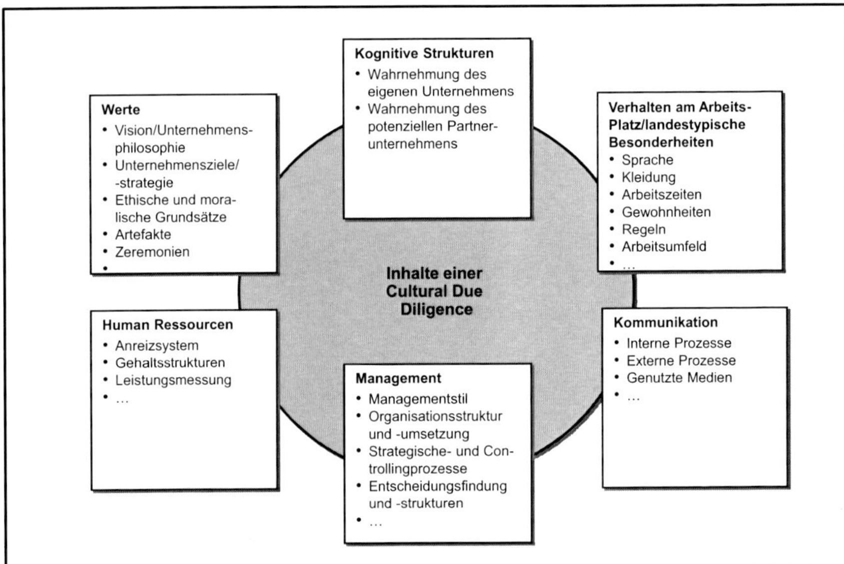

Quelle: Eigene Darstellung in Ergänzung zu Galpin/Herndon (1999), S. 170ff., Grube/Töpfer (2002), S. 166ff., Habeck et al. (2002), S. 115ff. und Strohmer (2001), S. 130ff.

Abbildung 45: Inhalte einer Cultural Due Diligence

Die Durchführung einer Cultural Due Diligence sollte – insbesondere wenn keine unternehmensinterne Expertise zu diesem Thema vorliegt – möglichst von neutralen, externen Experten durchgeführt werden. Je nach Rahmenbedingungen und Sensibilität der Themen kann die Untersuchung auch in gemischten Teams, d.h. zusammen mit Mitarbeitern des Unternehmens durchgeführt werden. Dabei sollte auf jeden Fall beachtet werden, dass im Vorfeld von M&A-Transaktionen Unsicherheiten bestehen können und diese durch falsch geführte Befragungen, Interviews oder ein (empfundenes) „Herumschnüffeln" noch verschlimmert werden können.

Sollte als Ergebnis der Untersuchung ein starker Cultural Misfit der beiden Unternehmen deutlich werden, so sollte, wenn die Transaktion unternehmensstrategisch Sinn macht, nicht darauf verzichtet werden, sondern vielmehr eine noch größeres Augenmerk auf die kulturelle Integration und die im folgenden Kapitel beschriebene Auswahl der

Integrationsform gerichtet werden, da diese Tatsache ansonsten ein entscheidendes Hindernis für einen Erfolg darstellen kann.[231]

Insgesamt kann man festhalten, dass mit Hilfe einer Cultural Due Diligence ein Wissen um und ein Verständnis für die jeweils eigene und die andere Kultur sowie für potentielle Spannungsfelder nach M&A erlangt werden, die für das gesamte weitere Integrationsvorgehen eine wichtige Basis bilden.

4.2.2 Klare Zielvorstellungen und Umsetzungswillen im Top-Management

Um zwei Unternehmenskulturen erfolgreich integrieren zu können, bedarf es klarer Vorstellungen bezüglich der Ergebnisse, die nach der Integration erreicht worden sein sollen. Um das Integrationsmanagement erfolgreich gestalten zu können, müssen alle Beteiligten genaue Vorstellungen vom erwarteten Endprodukt haben. Diese Zielvorstellungen sollten bereits im Vorfeld der Integrationsphase definiert werden und es muss einen unbedingten Umsetzungswillen zur Erreichung dieser Ziele geben, wobei besonders ein deutliches Bekenntnis des Top-Managements notwendig ist. Ohne dieses deutliche Commitment des Top-Managements ist eine kulturelle Integration in einem interkulturellen Zusammenhang nicht möglich. Weiterhin sollte ein Erfolgscontrolling etabliert werden, um das Erreichen von (Zwischen)zielen zu überprüfen und gleichzeitig bei Bedarf ein flexibles Reagieren auf neue Herausforderungen zu ermöglichen.

Vorrangig muss die Frage beantwortet werden, was in Bezug auf die Unternehmenskultur nach der Integrationsphase erreicht werden soll. Die Entscheidungsfindung sollte dabei von der zukünftigen Gesamtstrategie und den Ergebnissen aus der Cultural Due Diligence abhängen. Weiterhin sollten die jeweilige Größe der Unternehmen und die Stärke der beiden Unternehmenskulturen berücksichtigt werden. Es bestehen dabei die folgenden Möglichkeiten:[232]

- **Es bleiben beide Unternehmenskulturen parallel erhalten.** Dies verringert den Integrationsaufwand erheblich, könnte allerdings bei der Erzielung von Synergien und in der künftigen Zusammenarbeit zu Problemen führen

---

[231] Basierend auf seinen Untersuchungen zu den Auswirkungen von Cultural Misfits rät Strähle (2003a), S. 66ff. sogar dazu, von Seiten der Verantwortlichen auch einen Verzicht auf die Transaktion in Betracht zu ziehen.

[232] Vgl. Habeck et al. (2002), S.109ff.

- **Es wird eine der beiden bestehenden Unternehmenskulturen übernommen.** Diese Variante bringt einen hohen Integrationsaufwand mit sich, kann aber bei entsprechender Umsetzung erfolgreich sein.
- **Eine neue Drittkultur soll entstehen.** Die Option mit dem höchsten Integrationsaufwand und der längsten Zeitdauer kann langfristig sehr sinnvoll sein.

Insbesondere bei der Entscheidung für eine neue Drittkultur, ergeben sich für die Zieldefinition zu beantwortende Fragen:

- Welche Inhalte sollen aus welcher Kultur übernommen werden?
- Wie genau soll die neue Unternehmenskultur aussehen?

Die Festlegung der Integrationsform kann auch auf Basis der unter Berücksichtigung der Perspektiven beider Unternehmen ermittelten Akkulturationsformen von NAHAVANDI/MALEKZADEH (Integration, Separation, Assimilation und Dekulturation) erfolgen.[233] Die optimale Abstimmung zwischen Akkulturations- und Integrationsform stellt die folgende Abbildung unter Berücksichtigung der Frage nach Attraktivität einer Interaktion und dem Wert einer Kulturerhaltung dar. Dabei sollte die jeweils zur existierenden Akkulturationsform passende Form der Integration gewählt werden (in Abbildung 46 in Klammern dargestellt).

Die in Abbildung 46 dargestellten Integrationsformen nach Haspelagh/Jemison sind:[234]

- Holding,
- Symbiose,
- Absorption,
- Erhaltung.

Bei der Holding erfolgt keine Integration und die eine geplante Wertsteigerung basiert lediglich auf einer Risikoverteilung, allgemeinen besseren Managementfähigkeiten und finanziellen Synergien. Im Rahmen der Symbiose erfolgt eine partielle Integration, indem Teilbereiche der einen in die der anderen Organisation eingegliedert werden, was eine hohe Komplexität mit sich bringt. Bei der Absorption findet eine vollkommene Integration beider Unternehmen statt und eine neue Drittkultur wird geschaffen. Bei der

---

[233] Vgl. Kapitel 2.2.5.
[234] Vgl. Haspelagh/Jemison (1992), S. 174.

Erhaltung bleiben beide Unternehmen selbständig und werden in der bisherigen Form weitergeführt, um die Quelle des jeweiligen Erfolgs zu bewahren.[235]

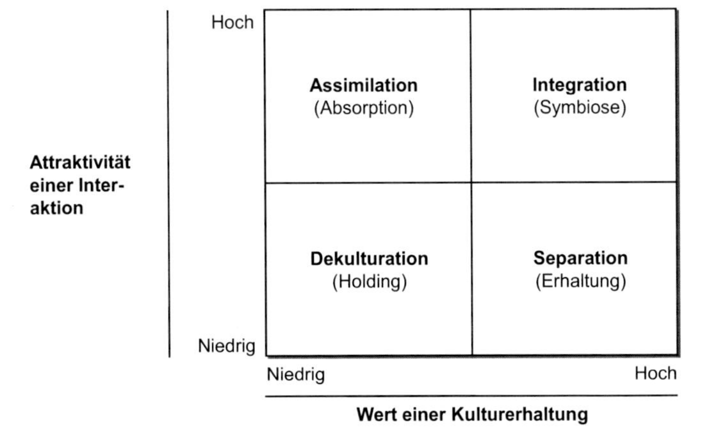

Quelle: Nach Lohninger (2001), S. 401.

Abbildung 46: Auswahl der Integrationsform

Wichtig ist auch hierbei, dass die Entscheidung immer auf Grundlage der Gesamtstrategie getroffen wird, nicht allein auf Basis eines evtl. existierenden Cultural Fit oder Misfit, d.h., wenn aus strategischer Sicht eine Integration notwendig ist, sollten kulturelle Unterschiede kein Hinderungsgrund sein, sondern der kulturellen Integration besondere Aufmerksamkeit gewidmet werden.

Zum Ausdruck der Ziele kann ein neuer Name der Organisation sehr hilfreich sein und einen guten Ausgangspunkt bieten, insbesondere, wenn eine neue gemeinsame Drittkultur geschaffen werden soll. Die Namensgebung kann nach innen wie nach außen die geplanten Veränderungen ausdrücken.[236]

Im Rahmen der Definition von Zielen sollte auch ein realistischer Zeitrahmen für die Erreichung derselben abgesteckt und einen Zeitplan für das Vorgehen erarbeitet werden. Hierfür sollte berücksichtigt werden, dass eine Integration zügig aber behutsam

[235] Vgl. Haspelagh/Jemison (1992), S. 174ff.
[236] Vgl. Habeck et al. (2002), S. 115ff.

ablaufen soll. Gerade in einem interkulturellen Kontext sollte für Kulturintegration genug Zeit eingeplant werden. Kulturen können nicht über Nacht verändert oder neu geschaffen werden und Menschen brauchen Zeit, um sich an eine neue kulturelle Realität zu gewöhnen[237] Auch hier ist zu beachten, dass der Zeitplan basierend auf dem Gesamtintegrationsplan abgestimmt wird.

Bei der Zieldefinition sollte unbedingt darauf geachtet werden, dass die im Gesamtintegrationsplan festzulegenden Elemente wie Organisationsstruktur, Entlohnung und Anreizsysteme eine neue Kultur entscheidend beeinflussen und somit auch bei der Planung berücksichtigt werden müssen.

Gleichzeitig mit dem Abstecken der Ziele sollte auch ein auf klar definierten Meilensteinen basierendes Controlling der kulturellen Integration geplant werden. Dieses Controlling sollte im Rahmen des Gesamtintegrationsplans durchgeführt werden. Im Hinblick auf die geplanten Endergebnisse ist es dabei wichtig, Feedback[238] zu berücksichtigen, um mit einer flexiblen Anpassung auf evtl. Herausforderungen oder veränderte Rahmenbedingungen eingehen zu können.

Von ausschlaggebender Bedeutung ist weiterhin eine klare Vision. Um die Ziele auch deutlich fassbar zu machen und zu kommunizieren, sollte diese basierend auf der Gesamtstrategie formuliert werden und auch die künftige Unternehmenskultur ausdrücken. Die Bedeutung der Vision, die auf alle Unternehmensbereiche, insbesondere die Kultur, gleichzeitig wirkt und von diesen beeinflusst wird, wird in der folgenden Abbildung deutlich:

Die Vision gibt auf dem Fundament eines klaren Unternehmenszieles und eines genauen Wertesystems das strategische Fernziel und die Richtung für die Zukunft vor. Sie drückt die Unternehmensstrategie aus und soll die Motivation erzeugen, um Veränderungen zu schaffen.[239] Mit Hilfe der Vision ist es möglich, die festgelegten Ziele und Handlungsweisen deutlich zu machen sowie Management und Mitarbeitern die Vorbereitung auf ihr zukünftiges Arbeiten zu erleichtern.[240] DOBIEY/WARGIN stellen fest: "Das zentrale Element einer Vision ist eine Beschreibung der eigenen Zukunft, die begeisternd wirkt und die Vorstellungskraft des Einzelnen stimuliert."[241]

---

[237] Vgl. Habeck et al. (2002), S. 119 und Schreier (1999), S.181.

[238] Das Feedback kann in hohem Maße im Rahmen der Kommunikationsstrategie gewonnen werden. Vgl. Kapitel 5.3.2.7.

[239] Vgl. o. V. (2003).

[240] Vgl. Grube/Töpfer (2002), S. 57.

[241] Dobiey/Wargin (2001), S.79.

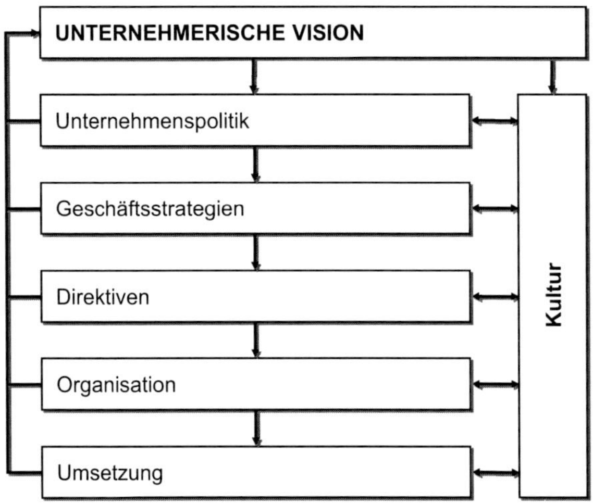

Quelle: Nach Hinterhuber (1996), S. 40.

Abbildung 47: Bedeutung der unternehmerischen Vision

Eine erfolgreiche Vision sollte dabei die folgenden Merkmale aufweisen:[242]

- Sie ist einfach zu verstehen und leicht zu kommunizieren.
- Sie dient als Richtlinie für die Zukunft.
- Sie hat einen klaren Fokus.
- Sie ermöglicht den Mitarbeitern eine emotionale Identifizierung.
- Sie bringt Ziele zum Ausdruck, die herausfordernd und wünschbar sind.
- Der Beitrag jedes einzelnen Akteurs lässt sich klar aus ihr ableiten.
- Sie ist zeitlich begrenzt gültig.
- Sie grenzt sich deutlich von den Visionen der Wettbewerber ab.

Abschließend soll festgehalten werden, dass der erfolgsentscheidende Punkt in diesem Kapitel der klare Umsetzungswillen von Seiten des Top-Managements ist. Das gesamte Top-Management muss hinter den Zielen und der gemeinsamen Vision stehen, die

[242] Vgl. o. V. (2003).

Umsetzung begleiten und fördern sowie das Controlling überwachen. Ohne diese Form der Transformational Leadership ist eine erfolgreiche kulturelle Integration nicht möglich.[243]

4.2.3 Interkulturelle Trainings, Schulungsmaßnahmen und Coaching

Um in einem interkulturellen Kontext die Integration von Unternehmenskulturen zu realisieren und landes- und unternehmenskulturelle Differenzen sinnvoll zu überbrücken, müssen die Mitarbeiter der beteiligten Unternehmen in die Lage versetzt werden, in einem solchen Umfeld richtig zu agieren. Das eigene Handeln, die wechselseitigen Bezüge auf den gemeinsamen Handlungsgegenstand und das fremde Handeln sollten aus beiden Perspektiven der Situationskonstitution und Realisierung von Intensionen betrachtet werden.[244] Zu berücksichtigen ist hierbei, dass dies ein langfristiger und dynamischer Prozess ist, dem genug Zeit eingeräumt werden sollte.[245]

Um diesen Prozess zu forcieren, sind interkulturelle Trainings, Schulungsmaßnahmen und Coaching notwendig. Dabei sollten bestimmte Kompetenzfelder der Mitarbeiter erweitert werden.[246] Dazu gehört das Aufbauen von Empathiefähigkeit, was bedeutet, Einfühlungsvermögen in Bezug auf andere kulturelle Kontexte zu entwickeln sowie Wünsche, Bedürfnisse und Handlungsabsichten von Interaktionspartnern wahrzunehmen und der Situation entsprechend darauf zu reagieren.[247] Ambiguitätstoleranz bedeutet die Fähigkeit, sich in komplexen, unsicheren oder mehrdeutigen Situationen zurechtzufinden, eine Belastbarkeit bei Missverständnissen und ein Aushalten von Unsicherheiten in interkulturellen Kontexten. Verhaltensflexibilität ist die Möglichkeit, sich schnell auf neue Situationen einzustellen und innerhalb dieser Situationen auf ein breites Verhaltensrepertoire zugreifen zu können. Eine weitere, wichtige zu erlernende Problemlösungsstrategie ist die Metakommunikation. Metakommunikative Kompetenz bezeichnet die Fähigkeit, Störungen in der Kommunikation zu beheben, in dem in schwierigen Gesprächssituationen steuernd eingegriffen wird.[248]

---

[243] Zum Thema Transformational Leadership vgl. die Arbeiten von Day/Jung (2000); Dichter et al. (1993) und Kakabadse/Kakabadse (1999) und die Diskussion der Bedeutung von Leadership für erfolgreiche Fusionen bei Weiss (1999).
[244] Vgl. Bolten (1998), S. 167.
[245] Vgl. Podsialowski (1996), S. 77.
[246] Vgl. Bolten (1998), S. 167.
[247] Vgl. Bolten (2003a), S. 75f.
[248] Vgl. ebd. und Kühlmann/Stahl (1998), S. 217f.

Es werden dabei drei Arten von Trainings unterschieden. Affektiv orientierte Trainings zielen auf Entwicklung oder Ausbau von Persönlichkeitsmerkmalen und Einstellungen. Dazu gehören etwa Empathie, Offenheit und Ambiguitätstoleranz. Im Rahmen eines kognitiv orientierten Trainings soll Wissen über das Kulturkonzept, über die eigene und evtl. fremde Kultur(en) und über wichtige Inhalte und Problempotentiale bei der interkulturellen Kommunikation geschult werden. In verhaltensorientierten Trainings soll durch Kenntnisvermittlung und Einüben eines entsprechenden Verhaltens die Befähigung der Teilnehmer erreicht oder weiterentwickelt werden, in Interaktionssituationen in einem interkulturellen Kontext angemessen und effektiv zu reagieren.[249]

Abweichend von der gängigen Praxis der kulturspezifischen Trainings sollte versucht werden, interaktiv-interkulturelle Trainings durchzuführen. Damit die Trainings nicht nur simplifizieren und auf einer abstrakten Ebene verbleiben, muss es ihnen gelingen „(a) affektive, kognitive und verhaltensbezogene Aspekte interkultureller Kompetenz miteinander zu verknüpfen und sie (b) in einen Handlungszusammenhang zu integrieren, der das Zusammenspiel mit den anderen genannten Kompetenzen einschließt.“[250]

Der Ansatz eines „integrativen Trainings“ wird von ZANINELLI vorgestellt.[251] Dabei wird versucht, im Lernprozess eines interkulturellen Trainings sowohl den Verstand als auch Gefühl und Handeln gleichermaßen einzubinden.[252] Dazu wird ein Vorgehen in vier Schritten vorgeschlagen:[253]

- Sensibilisierung der Trainingsteilnehmer für das Lerngebiet um zu ermöglichen, offen mit dem Thema Kultur umzugehen.
- Beschreibung und Analyse von kognitiv spezifischen Kulturmustern oder Kulturkategorien
- Um eine Einstellungsänderung zu bewirken, wird aufbauend auf den vorherigen Schritten versucht, im affektiven Bereich negative Attributierungen emotional umzubewerten.
- So kann im vierten Schritt Verhalten und Handeln ganz konkret verändert und Bewältigungsstrategien entwickelt werden.

---

249 Vgl. Bolten (2001), S. 5 und Stüdlein (1997a), S. 319.
250 Bolten (1998), S. 168.
251 Zaninelli (1995), S. 4.
252 Vgl. ebd.
253 Vgl. ebd.

Folgende Vernetzungskriterien werden von BOLTEN im Hinblick auf eine Systematik integrierter interkultureller Trainings festgelegt:[254]

- Um eine „Interkultur" zu erzeugen, muss je nach spezifischer Zielsetzung des Trainings eine **Zielgruppenintegration** erfolgen, d.h. das Training muss mit Teilnehmern aus unterschiedlichen Kulturen besetzt sein. Weiterhin ist es sinnvoll, die Teilnehmerschaft berufsgruppenspezifisch zusammenzusetzen, um möglichst nah an relevanten Handlungskontexten arbeiten zu können.
- Eine **Integration der Kompetenzfelder** sollte während des Trainings erfolgen, so dass fachliche, strategische, individuell/soziale und (inter)kulturelle Kompetenz sowie die einzelnen Subkategorien interkultureller Kompetenz berücksichtigt werden.
- Die **inhaltliche Integration** von kulturspezifischen und allgemein-kultursensibilisierenden Ansätzen ist aufgrund der Faktizität des interkulturellen Handelns notwendig, da dieses nie in fiktiven Kulturräumen stattfindet und das Wissen um kulturelle Spezifika andererseits noch nicht eine Interaktionsfähigkeit in der entsprechenden Kultur impliziert.
- Eine **Methodenintegration** sollte erreichen, dass gleichfalls trainerzentriert und erfahrungsorientiert gearbeitet wird, was eine dauernde Abwechslung zwischen Unterrichtseinheiten mit kulturspezifischem Kenntnisinput und der Anwendung der erworbenen Kenntnisse in einem Planspiel bedeutet, wobei die Planspielinteraktionen gefilmt und dann selbst zum Diskussionsgegenstand werden sollten.
- Im Rahmen einer **Lernzielintegration** sollte basierend auf der Integration von Methoden und Inhalten versucht werden, sowohl kognitiv und affektiv orientierte als auch verhaltensbezogene Trainingsmethoden zu nutzen.

Als Beispiel eines solchen integrierten Trainings soll an dieser Stelle das interkulturelle Planspiel „Interact" genannt werden. Im Rahmen einer wirtschaftsbezogenen Simulation können sowohl die allgemein gültigen Fähigkeiten wie auch zielkulturspezifisches Wissen (für Australien, Deutschland, Frankreich, Großbritannien, Niederlande, Russland, Spanien und USA) erlangt werden.[255] Ein wirklich interkulturelles Training kann dabei

---

[254] Vgl. Bolten (1998), S. 169ff.

[255] Vgl. Bolten (2002). Für eine überblicksartige Beschreibung des Planspiels und der zu erzielenden Ergebnisse vgl. Bolten (1998), S. 172ff.: Das Ziel des Planspiels Interact ist es, den Teilnehmern die Probleme und Möglichkeiten interkultureller Interaktion im internationalen Wirtschaftsalltag bewusst zu machen. Dazu werden Aspekte, die zur Verbesserung der interkulturellen Interaktionskompetenz notwendig sind (z. B. Erkennen von Missverständnis- und Synergiepotenzialen, Fähigkeit zur mehrsprachigen Verhandlungsführung, Empathie) im Kontext eines video- und computergestützten Unternehmensplanspiels trainiert.

nur dann stattfinden, wenn mindestens ein Mitglied aus einer anderen Kultur teilnimmt bzw. wenn diese Trainings in aus beiden Unternehmen gemischten Gruppen stattfinden.

Die Durchführung der interkulturellen Trainings wird meist von externen Trainern übernommen, die auf die entsprechenden Themenkomplexe und/oder die jeweiligen Kulturen spezialisiert sind. Es spricht jedoch bei einer entsprechenden Qualifikation und Erfahrung etwa im HR Bereich prinzipiell nichts dagegen, interne Mitarbeiter mit diesen Aufgaben zu betrauen. Dabei sollte aber beachtet werden, dass in bestimmten Kontexten, etwa, wenn es Widerstände gegen die Integration oder die Gefahr von Stellenabbau gibt, ein externer Dritter, der vorher keinem der Integrationspartner angehörte und keine Anliegen in der künftigen Organisation hat, als unabhängiger und neutraler wahrgenommen wird.

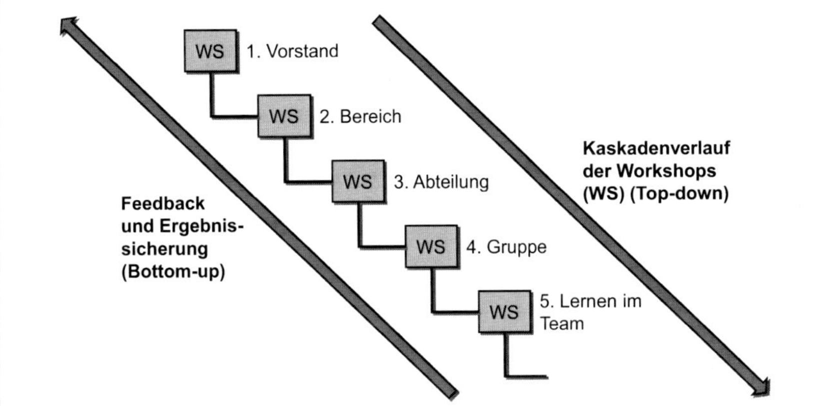

Quelle: Nach Friederichs (1999), S. 339.

Abbildung 48: Kaskadenmodell Integrationsworkshops

Auf Themen aus dem Bereich der interkulturellen Trainings und Schulungsmaßnahmen sollte auch in den im Rahmen einer Gesamtintegrationsplanung meist durchgeführten Integrationsworkshops eingegangen werden, um das Verständnis der Mitarbeiter füreinander zu erhöhen und deren Integration zu fördern.[256] In diesen Veranstaltungen, die

[256] Vgl. Friederichs (1993), S. 226ff.

kaskadenförmig beim Vorstand beginnend durchgeführt werden[257], können neben den Inhalten aus der Gesamtintegrationsplanung als Vorbereitung auf die eigentliche Integration ein gegenseitiges Kennen lernen, ein Informationsaustausch, das Klären von Erwartungen und Rollenverständnissen und eine Vorbereitung auf die kulturelle Integration stattfinden.

In Ergänzung zu den interkulturellen Trainings sollte als begleitende Maßnahme während des Integrationsprozesses ein interkulturelles Coaching angeboten werden. Die Aufgabe des Coaches ist es dabei, in einer eins-zu-eins Konstellation eine interkulturelle Personalentwicklung on-the-job zu betreiben.[258] Der Coach kann die Aufgabe übernehmen, mit dem Lernenden dessen Erfahrungen bei der Integration der Unternehmenskulturen zu besprechen, Lösungsansätze für evtl. auftretende Probleme aufzuzeigen, etwa für kritische Interaktionssituationen und so die interkulturelle Kompetenz des Lernenden Schritt für Schritt auszubauen. Diese Aufgabe kann von einer interkulturell kompetenten Führungskraft innerhalb des Unternehmens oder von einem speziell ausgebildeten externen interkulturellen Coach übernommen werden.[259] Noch eine Stufe weiter als das interkulturelle Coaching geht die Einrichtung der interkulturellen Mediatoren, die im nachfolgenden Kapitel vorgestellt wird.

Die nächste Abbildung stellt die jeweiligen Arten von interkulturellem Training und Coaching noch einmal übersichtsartig dar:

[257] Vgl. ebd.

[258] Vgl. Stüdlein (1997a), S. 328f.

[259] Vgl. Stüdlein (1997a), S. 329 und den Abschnitt über externe Experten in Kapitel 5.2.4.

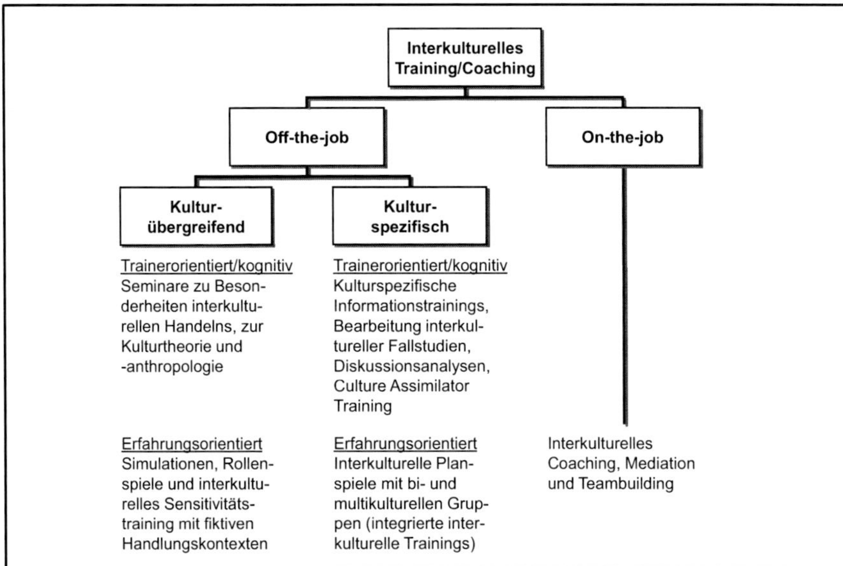

Quelle: Nach Bolten (2003a), S. 89.

Abbildung 49: Interkulturelles Training und Coaching

Hier sind noch einmal die wichtigsten Bausteine interkultureller Kompetenz dargestellt, die durch Trainings und Coaching vermittelt werden sollten, um eine erfolgreiche Integration zu gewährleisten:[260]

- **Akkumulationsfähigkeit** bedeutet, die Fähigkeit zur Aneignung von Kommunikations- und Interaktionsregeln einer neuen Kultur, ohne dabei eigene Werte und Denkweisen aufzugeben.
- **Dissensbewusstsein** ist wichtig, um die negativen Auswirkungen eines voreiligen oder zwanghaft herbeigeführten Konsenses zu vermeiden, da dieser kulturelle Unterschiede nur verdeckt, nicht aber beseitigt. Es ist somit zur Herstellung einer Akzeptanz aller Beteiligten notwendig, unterschiedliche Positionen und Standpunkte im Bewusstsein zu halten.
- **Flexibilität** bezieht sich auf die Fähigkeit, eigene Schemata bezüglich Denken und Verhalten zu korrigieren, Neues zu erlernen und sich schnell auf neue Situationen einstellen zu können.

---

260 Vgl. Bolten (2003a), S. 84ff.

- Da sich Kultur und Sprache wechselseitig bedingen, sind für das Verständnis einer anderen Kultur auch **Fremdsprachenkenntnisse** unerlässlich.
- **Kulturwissen** bezieht sich nicht allein auf kulturelle Fakten und das Kennen bestimmter Normen, sondern noch mehr auf das Verständnis von Hintergründen und Systemzusammenhängen.
- **Polyzentrismus** beschreibt das Verständnis, dass interkulturelle Zusammenhänge möglichst nicht vor dem Hintergrund der eigenen kulturellen Erfahrungen interpretiert werden sollten sowie die Bereitschaft, die Eigenständigkeit anderer Kulturen anzuerkennen und kulturspezifische Wertungen zu relativieren.
- **Rollendistanz** beschreibt die Fähigkeit, sich in seinem eigenen Handeln beobachten zu können, um so den interkulturellen Handlungskontext zu vergegenständlichen und Differenzen zu bemerken.

Insgesamt kann für dieses Kapitel festgehalten werden, dass die Bedeutung des Erwerbs interkultureller Kompetenzen für ein erfolgreiches Integrationsmanagement nicht hoch genug bewertet werden kann. Gleichzeitig muss man berücksichtigen, dass das Erlangen interkultureller Kompetenz ein langwieriger und dynamischer Prozess ist, dem genug Aufmerksamkeit und Zeit eingeräumt werden muss und der möglichst schon im Vorfeld von interkulturellen M&A angestoßen werden sollte.[261]

4.2.4 Interkulturelle Integrationsteams und Mediatoren sowie externe Experten

Die Bedeutung von interkulturellen Teams[262] für eine erfolgreiche PMI wird in der Literatur immer wieder hervorgehoben[263] und dies trifft somit genauso für den Teilbereich der Integration von Unternehmenskulturen zu. Daher sollten, um die Integration der Unternehmenskulturen zu fördern, für die einzelnen Teilbereiche des Gesamtintegrationsplans interkulturelle Teams gebildet werden. Diese Integrationsteams sollten mit den bestmöglichen Mitarbeitern besetzt werden, wobei sie neben interkultureller Kompetenz, Hartnäckigkeit, Einfluss und Flexibilität besitzen sollten.[264] Dabei sollten selbstverständlich Mitarbeiter aus beiden an der Integration beteiligten Unternehmen eingebunden werden.[265] Die Aufgaben der interkulturellen Teams können dabei die Einfüh-

---

261 Vgl. Podsialowski (1996), S. 77.

262 Zum genaueren Verständnis von Teams, Teamprozessen Einsatzmöglichkeiten und Leistungen von Teams siehe Katzenbach/Smith (1993).

263 Vgl. Baumer (2002), S. 176f.; Strohmer (2001), S.67ff.; Wall/Wall (2001), S. 176f.; Winkler/Dörr (2001), S. 93ff. und Zaninelli (2004).

264 Vgl. Wall/Wall (2001), S. 176f.

265 Vgl. Wall/Wall (2001), S. 177.

rung eines einheitlichen Gehaltssystems, einer einheitlichen Personalpolitik und ähnliche Themen umfassen. Doch auch für Gesamtintegrationsmaßnahmen wie etwa der Angleichung der IT-Infrastruktur sind interkulturelle Teams unerlässlich. Innerhalb dieser Teams wird es dann auch möglich, interkulturelle Synergien zu realisieren.[266]

Den Teams zur Seite stehen sollten interkulturelle Mediatoren (IM), deren Aufgaben über das bereits beschriebene reine interkulturelle Coaching hinausgehen. [267] Das Hauptaugenmerk der Mediatoren sollte darauf liegen, Konflikte auf einer interpersonellen oder interorganisatorischen Ebene zu erkennen, diese zu analysieren und Maßnahmen einzuleiten, die eine konstruktive Bewältigung dieser Konflikte ermöglichen.[268] Dabei muss der IM darauf achten, dass eine permanente Selbstverständigung der Integrationsbeteiligten über die gemeinsamen Handlungsziele besteht. Dazu gehört auch entsprechende Korrektur/oder Interventionsmöglichkeiten aufzuzeigen und zu besitzen.[269] Weiterhin sollte durch den IM ermöglicht werden, dass auf kulturellen Unterschieden basierende Gegensätze oder Verstehensprobleme offen gelegt und im Anschluss Akzeptanzbedingungen und Grenzen ausgehandelt werden können.[270] Durch den IM sollte die Entwicklung von Reziprozitätsbeziehungen innerhalb des Netzwerkes gefördert und den Beteiligten bewusst gemacht werden, dass die Ausgestaltung von Reziprozität auch die Grenzen des jeweiligen Netzwerkes definiert.[271] Dabei sollten möglichst keine fertigen Lösungen vorgegeben werden, sondern ein gemeinsames Entwickeln von Lösungsansätzen unterstützt werden.[272] Sollte dieses Vorgehen nicht möglich sein, so muss es dem IM auch möglich sein, bei einer Eskalation Entscheidungen zu treffen und Maßnahmen auch gegen den Willen der Konfliktparteien einzuleiten.[273] Die Rolle eines IM sollte daher möglichst mit einem Entscheidungsträger aus der Organisation eines der beiden Integrationspartnern mit der entsprechenden interkulturellen Kompetenz und Erfahrung besetzt werden, da aufgrund der notwendigen Entscheidungsbefugnis in einem möglichen Eskalationsfall ein externer Experte diese Aufgabe kaum ausfüllen kann. Die Aufgaben der interkulturellen Mediatoren werden in der folgenden Abbildung noch einmal überblicksartig dargestellt werden:

[266] Vgl. dazu auch den Value-in-Diversity-Ansatz in Kapitel 2.2.8 dieser Arbeit; Strohmer (2001), S. 124ff. und Zaninelli (2004), S. 5.

[267] Mit seinem Begriff des Intercultural Officer (ICO) mit der Aufgabe einer metakommunikativen Begleitung des Integrationsprozesse führt Schreier (2001), S. 120ff. diesen Ansatz noch weiter aus. Vgl. dazu auch Bolten (2003c), S. 31f.

[268] Vgl. Schreier (2001), S. 155.

[269] Vgl. Bolten (2003c), S. 31.

[270] Vgl. ebd.

[271] Vgl. ebd.

[272] Vgl. ebd.

[273] Schreier (2001), S. 154.

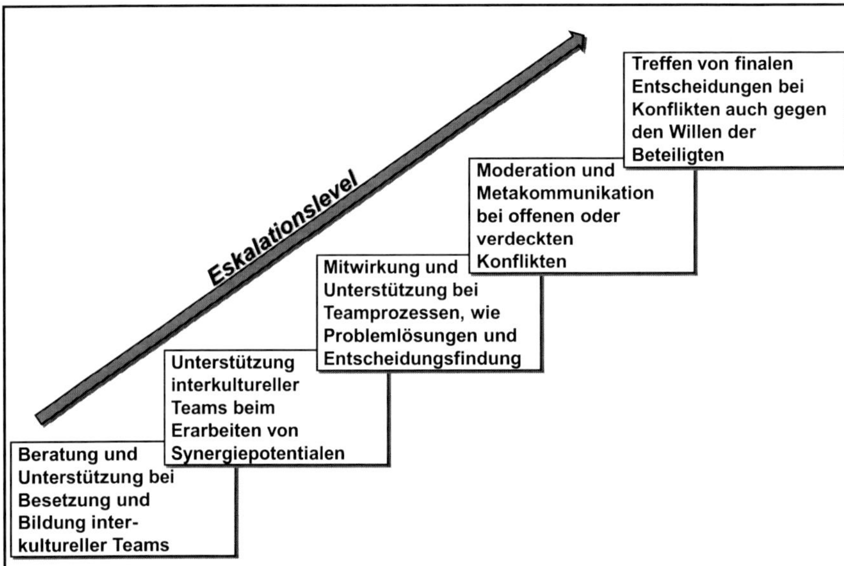

Quelle: Eigene Darstellung in Anlehnung an Bolten (2003a), S. 98f. und Schreier (2000), S. 154.

Abbildung 50: Aufgaben interkultureller Mediatoren

Aufgrund der in vielen Unternehmen mangelnden Erfahrungen mit einer interkulturellen Integration von Unternehmenskulturen wird an dieser Stelle weiterhin die Hinzuziehung externer Experten empfohlen, auch wenn dies mit zusätzlichen Kosten verbunden ist. Neben den meist in den ersten Schritten einer M&A-Transaktion hinzugezogenen Investmentbankern, Anwälten, Wirtschaftsprüfern, Unternehmens- und Steuerberatern und den häufig mit einer Unterstützung der Gesamtintegration betrauten Unternehmensberatern, sollte der Bereich der kulturellen Integration auch von speziellen Fachleuten unterstützt werden.[274]

Über die meist von externen Anbietern durchgeführten interkulturellen Trainings, Schulungsmaßnahmen und Coachings hinaus, sieht STÜDLEIN noch weitere Aufgabengebiete für externe Experten im Rahmen eines interkulturellen Integrationsmanagements:[275]

[274] Vgl. Schreier (2001), S. 178 und die dort angegebene Literatur.
[275] Vgl. Stüdlein (1997a), S. 304ff.

- Ein **interkultureller Dolmetscher** mit hervorragenden Kenntnissen der jeweiligen Landessprache der beiden Integrationspartner kann in der erweiterten Rolle eines Übersetzers arbeiten, der durch die zusätzliche Übersetzung von non- und paraverbaler Kommunikation das gesamte Sinnspektrum von Gesprächen wiedergeben kann.[276]
- Lediglich einen Beobachterstatus, ohne in Interaktionen einzugreifen, besitzen **interkulturelle Berater**. Sie können etwa nach einer Verhandlung, der sie beigewohnt haben, den Interaktionspartnern ein Feedback zu den entsprechenden Themenkomplexen geben.[277]
- **Interkulturelle Mittler** nehmen persönlich und aktiv an Interaktionsprozessen teil und erleichtern und optimieren so die Interaktion zwischen den Beteiligten.[278]

In Ergänzung zu diesen Rollen kann sich der Verfasser dieser Arbeit auch die Unterstützung des Top-Managements durch externe Experten bei der Ausarbeitung der Zielvorstellungen zur kulturellen Integration sowie bei deren Implementierung vorstellen. Auch eine Unterstützung des unternehmensinternen IM durch einen externen Spezialisten scheint unter Umständen sinnvoll. In diese Richtung geht auch die Empfehlung von BOLTEN, der in einem „Consultant für interkulturelles Management" einen wichtigen Dienstleister im Rahmen der komplexen Systemzusammenhänge der heutigen Zeit sieht. Dieser hat demnach die Aufgabe, im Rahmen internationaler Projekte die kontinuierliche Analyse der Prozessualität, die stets einen konkreten Einzelfall darstellt und auch als solcher reflektiert werden muss, sicherzustellen.[279]

Bei der Auswahl der externen Berater sollte selbstverständlich auf deren Qualifikation, größtmögliche Objektivität und Neutralität sowie Erfahrung in den relevanten Themenkomplexen geachtet werden, um so einen größtmöglichen Nutzen für den Integrationsprozess sicherzustellen.

4.2.5 Ganzheitliches interkulturelles Kommunikationskonzept

Sowohl in der Empirie, speziell in den in dieser Arbeit untersuchten Fallstudien, als auch im Bereich der Theorie wurde die erfolgsentscheidende Bedeutung von abgestimmter,

---

276 Vgl. Schreier (2001), S. 178.
277 Vgl. Schreier (2001), S. 179.
278 Vgl. Stüdlein (1997a), S. 307f.
279 Vgl. Bolten (1995b), S. 38.

richtig geplanter Kommunikation für eine erfolgreiche Integration deutlich.[280] Daher soll ein Best Practice-Kommunikationskonzept zur Integration von Unternehmenskulturen in einem interkulturellen Kontext im nächsten Kapitel genauer dargestellt werden.

4.3 Kommunikationsstrategie für den interkulturellen Post Merger Integrationsprozess von Unternehmenskulturen

Nachdem bereits der erhebliche Einfluss von Kommunikation für erfolgreiches PMM im Allgemeinen und die Integration von Unternehmenskulturen nach interkulturellen M&A im Besonderen aufgezeigt wurde, soll nun eine praxisbezogene, ganzheitliche Kommunikationsstrategie zur Anwendung im Rahmen einer interkulturellen PMI entwickelt werden.[281] Zum besseren Verständnis werden zuvor noch einige Grundlagen aus der Kommunikationstheorie erläutert.

4.3.1 Kommunikationstheoretische Grundlagen

Als Basis zur Erstellung einer Kommunikationsstrategie für eine erfolgreiche Post Merger Integration von Unternehmenskulturen vor einem interkulturellen Hintergrund kann der Begriff Kommunikation als die Übermittlung von Botschaften und Informationen zur zielgerichteten Steuerung und Beeinflussung von Meinungen, Einstellungen, Erwartungen und Verhaltensweisen bestimmter Zielgruppen oder Einzelpersonen beschrieben werden. Dabei wird die Botschaft vom Sender mit Hilfe eines bestimmten Kommunikationsmediums an den Empfänger übermittelt. Weiterhin besteht für den Empfänger die Möglichkeit, mit einem Feedback zu reagieren.[282] Darauf aufbauend werden im Folgenden noch einige kommunikationstheoretische Grundlagen erläutert.

4.3.1.1 Watzlawicks pragmatische Axiome zur menschlichen Kommunikation

WATZLAWICK et al. untersuchen die theoretischen Grundlagen menschlicher Kommunikation auf den Ebenen Syntaktik, Semantik und vor allem der Pragmatik. Die Wirkungen der

---

280 Vgl. dazu auch Bolten (2003c), S. 29ff.; Galpin/Herndon (1999), S.93ff.; Gertsen/Sonderberg (1998), 184ff.; Gut-Villa (1997), S. 249ff.; Jansen/Körner (2000), S. 7; Larsson/Risberg (1998), S. 49ff.; Schreier (2001), S. 84 und die Arbeiten von Schreier (1999) und Wittwer (1995).

281 Vgl. Palm (2005b), S. 208ff.

282 Vgl. Bussieck (1994), S. 25.

menschlichen Kommunikation, unter besonderer Berücksichtigung von Verhaltensstörungen, werden betrachtet. Darauf aufbauend versuchen die Autoren, entsprechende Denkmodelle zu formulieren und Sachverhalte zu veranschaulichen. Die in dem Werk formulieren Grundgedanken zur menschlichen Kommunikation werden allgemein als WATZLAWICKS fünf Axiome bezeichnet.[283] Diese sollen kurz vorgestellt werden:

1. Axiom: „*Man kann nicht* nicht *kommunizieren*“[284]
   Das Axiom folgt daraus, dass jedes Verhalten Kommunikation ist, da jedes Verhalten auch Mitteilungscharakter hat. Und weil es kein Gegenteil zu Verhalten gibt, folgt daraus, dass jeder Mensch kommuniziert, wenn er sich verhält.[285]

2. Axiom: „*Jede Kommunikation hat einen Inhalts- und einen Beziehungsaspekt, derart, dass letzterer den ersteren bestimmt und daher eine Metakommunikation ist.*“[286]
   Der Inhaltsaspekt vermittelt die eigentlichen Daten, der Beziehungsaspekt bestimmt, wie diese Daten aufzufassen sind und stellt damit eine Form der Metakommunikation dar. So dient Kommunikation nicht nur der sachlichen und neutralen Erfüllung der Aufgaben, sondern wirkt in hohem Maße auf die sozialen Beziehungen zwischen Kommunikationspartnern und damit auch auf das Organisationsklima.[287]

3. Axiom: „*Die Natur einer Beziehung ist durch die Interpunktion der Kommunikationsabläufe seitens der Partner bedingt.*“[288]
   Interpunktionsweisen bezeichnen kontext- und rollenspezifische Formen der Interpretation sowie Kausalitätswahrnehmungen von Aussagen oder Verhaltensweisen, die aus einer Gruppen- bzw. Kulturzugehörigkeit resultieren. Somit treten Kommunikationsstörungen auf, wenn diese Interaktionsmuster verletzt oder durchbrochen werden.[289]

4. Axiom: „*Menschliche Kommunikation bedient sich digitaler und analoger Modalitäten. Digitale Kommunikationen haben eine komplexe und vielseitige logische Syntax, aber eine auf dem Gebiet der Beziehungen unzulängliche Semantik. Analoge Kommunikationen dagegen besitzen dieses semantische Potential, er-*

[283] Vgl. Watzlawick et al. (2000).
[284] Watzlawick et al. (2000), S. 53.
[285] Vgl. Arnold (1997), S. 42.
[286] Watzlawick et al. (2000), S. 56.
[287] Arnold (1997), S. 43.
[288] Watzlawick et al. (2000), S. 61.
[289] Vgl. Schreier (2001), S. 91.

mangeln aber die für eindeutige Kommunikationen erforderliche logische Syntax.“[290]

Bei der digitalen Kommunikation werden dem Kommunikationsobjekt abstrakte Zeichenfolgen zugeordnet[291], etwa alphanumerische Zeichen und deren Verknüpfungsregeln in der Schriftform. So werden vor allem Inhaltsaspekte übermittelt. Beziehungsaspekte werden vorwiegend durch analoge Kommunikation vermittelt, mit Hilfe von Gesten oder Gebärden. Es wird dabei auf bildhafte und assoziative Weise kommuniziert. Dabei besitzen digitale Kommunikationsformen eine komplexe und vielseitige logische Syntax, aber eine unzulängliche Semantik auf dem Gebiet der Beziehungen. Dagegen weisen analoge Kommunikationsformen diesen semantischen Vorrat auf, haben aber keine logische Syntax, die für eine eindeutige Kommunikation notwendig wäre.[292]

5. Axiom „*Zwischenmenschliche Kommunikationsabläufe sind entweder symmetrisch oder komplementär, je nachdem, ob die Beziehung zwischen den Partnern auf Gleichheit oder Unterschiedlichkeit beruht.*“[293]
   Während symmetrische Beziehungen sich durch Gleichberechtigung bzw. Streben nach Gleichheit und Verminderung von Unterschieden zwischen den Partnern auszeichnen, beruht komplementäre Kommunikation auf Unterschiedlichkeiten. So sind zwischenmenschliche Kommunikationsabläufe von der jeweiligen Stellung innerhalb der Hierarchie der Partner abhängig.[294]

Insgesamt lässt sich festhalten, dass eine soziale Gemeinschaft durch sich und ihre Mitglieder ständig auf der Inhalts- und Beziehungsebene kommuniziert und dabei die gleiche Nachricht mehrere Botschaften zugleich beinhalten kann.[295] Nicht unerwähnt bleiben soll, dass die Axiome, die auch von den Autoren selbst als lediglich „versuchsweise getroffene Formulierungen“[296] bezeichnet werden, nicht unumstritten sind.[297]

---

[290] Watzlawick et al. (2000), S. 68.
[291] Vgl. Schreier (2001), S. 91.
[292] Vgl. Watzlawick et al. (2000), S. 61ff.
[293] Watzlawick et al. (2000), S. 70.
[294] Vgl. Watzlawick et al. (2000), S. 69f.
[295] Vgl. Schreier (2001), S. 92.
[296] Watzlawick et al. (2000), S. 70.
[297] Für eine Kritik an Watzlawicks fünf Axiomen siehe Girgensohn-Marchand (1992), S. 83.

4.3.1.2 Kommunikation als interaktionaler Prozess

Da laut WATZLAWICKS erstem Axiom Kommunikation und Interaktion zwischen Individuen als synonym gelten können[298], ist es, um im für die vorliegende Arbeit relevanten interkulturellen Kontext arbeiten zu können sinnvoll, bei der modellhaften Darstellung von Kommunikation auf das Bild derselben als interaktionalem Prozess zuzugreifen. Der Sender von Kommunikation ist dabei immer gleichzeitig auch Empfänger und die Kommunikationsprozesse schließen Inhalts- und Beziehungsaspekte ein und vollziehen sich unter der Maßgabe intendierter Reziprozität auf verbaler, nonverbaler, paraverbaler und extraverbaler Ebene, wobei die vier Ebenen interdependent sind. Weiterhin werden diese u.a. durch situative Kontexte, soziale Beziehungen, Selbstwertkonzepte, Erwartungen (Fremdbilder) und Erwartungs-Erwartungen (Metabilder) der Beteiligten konstituiert und erzeugen sie zugleich. Demzufolge sind die Kommunikationsprozesse interaktiv.[299] Die folgende Abbildung stellt dieses Modell dar:

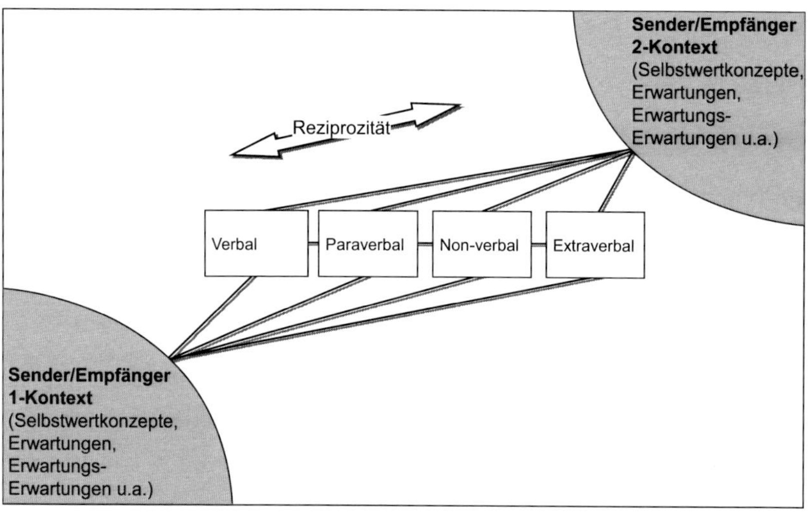

Quelle: Nach Bolten (1995b), S. 27.

Abbildung 51: Kommunikation als interaktionaler Prozess

[298] Vgl. Schreier (2001), S. 92.
[299] Vgl. Bolten (1995b), S. 26ff.

4.3.1.3 Interkulturelle Kommunikation

Auf Basis des oben abgebildeten Kommunikationsmodells funktioniert auch interkulturelle Kommunikation, wobei sich der Sender/Empfänger jeweils in seinem kulturellen Kontext befindet und es somit zu einer interkulturellen Interaktion kommt.[300] Interkulturellen Kommunikation kann definiert werden, als „a symbolic, interpretive, transactional, contextual process in which the degree of difference between people is large and important enough to create dissimilar interpretations and expectations about what are regarded as competent behaviors that should be used to create shared meaning".[301]

Häufig sind dabei äußerst unterschiedliche Kommunikationsmuster gegeben. Dies erhöht das Potential für Missverständnissen und führt somit zu einer Vergrößerung der sozialen Distanz zwischen den jeweiligen Interaktionspartnern[302], da Zeichen und Symbole, die Grundlage von Bedeutungssystemen und die Mittel der Kommunikation, stark kulturell verankert sind.[303]

Bei der Kommunikation im Rahmen einer interkulturellen Integration kommt es darauf an, die unterschiedlichen Kontexte, Sprachen, Codes und Muster sowie die daraus resultierende Komplexität zu berücksichtigen und die realitätsschaffende und verbindende Wirkung der interpersonellen Interaktion zielführend einzusetzen, um so das immanente Risiko eines Scheiterns zu reduzieren.[304] Je unterschiedlicher zwei Kulturen sind, desto mehr Aufwand ist erforderlich, um Kommunikation erfolgreich zu realisieren.[305]

4.3.2 Konzept einer ganzheitlichen interkulturellen Kommunikationsstrategie

Da der Schwerpunkt dieser Arbeit auf der Post Merger Integration von Unternehmenskulturen liegt, muss darauf hingewiesen werden, dass der Grundstein für eine erfolgreiche Integration und Kommunikation bereits deutlich früher – schon vor der Bekanntgabe der eigentlichen Transaktion – gelegt wird. Eine rechtzeitige, ehrliche und passende Informationspolitik – soweit dies die Rahmenbedingungen, etwa die Geheimhaltungspflicht, zulassen – bietet allen Interessengruppen die notwendige Orientierung, vermeidet Unsicherheiten und schafft eine positive Ausgangslage für die eigentliche Integra-

300 Vgl. Bolten (1997), S. 485ff.
301 Lustig/Koester (1996), S. 58.
302 Vgl. Schreier (2001), S. 110.
303 Vgl. Herdin/Luger (2001).
304 Vgl. Bolten (1997), S. 485ff. und Schreier (2001), S. 110f.
305 Vgl. Herdin/Luger (2001).

tionsphase.[306] Sobald eine Fusion und Akquisition öffentlich bekannt gegeben wird, entsteht auf allen Seiten ein enormer Informationsbedarf. Daher sollte bereits mit der Bekanntgabe der Transaktion eine ganzheitliche Kommunikationsstrategie ausgearbeitet sein.[307] Zu diesem Zeitpunkt muss es möglich sein, allen Stakeholdern den Sinn der Transaktion begreiflich zu machen.[308]

An dieser Stelle soll nun eine ganzheitliche Kommunikationsstrategie entwickelt werden, die das Integrationsmanagement nach einer interkulturellen M&A-Transaktion deutlich erleichtert. Die Grundlage hierfür bilden die im empirischen Teil der Arbeit gewonnenen Erkenntnisse zur Bedeutung und Inhalten von Kommunikation im Rahmen des Integrationsmanagements sowie der im Theorieteil erörterte Hintergrund. Wichtigster Teil dieser Kommunikationsstrategie ist, dass zu jedem Zeitpunkt der jeweilige kulturelle und der interkulturelle Gesamtkontext berücksichtigt wird. Unter dieser Prämisse beinhaltet die Kommunikationsstrategie die folgenden Punkte:

- Festlegen der Verantwortlichkeiten und Ressourcen
- Erstellen eines Konzepts
- Ermitteln von Zielgruppen und Stakeholdern und deren Interessen
- Bestimmen der Inhalte
- Festlegen der Kommunikationskanäle
- Einholen von Feedback und durchführen eines Erfolgscontrollings
- Flexible Anpassung des Konzepts bei Veränderungen oder neuen Herausforderungen

Abbildung 52 stellt die Kommunikationsstrategie bildlich dar.

Im Folgenden wird die Strategie im Einzelnen vorgestellt. Zu beachten ist dabei, dass diese sich auf die PMI der Unternehmenskulturen bezieht und nicht die komplette, im Rahmen der drei Stufen einer M&A-Transaktion[309] notwendige, Kommunikation beinhaltet.

[306] Vgl. Noll (1996), S. 39f.
[307] Vgl. Töpfer (2000), S. 15.
[308] Vgl. Nölting (2000b), S. 106.
[309] Vgl. Kapitel 1.4.2.

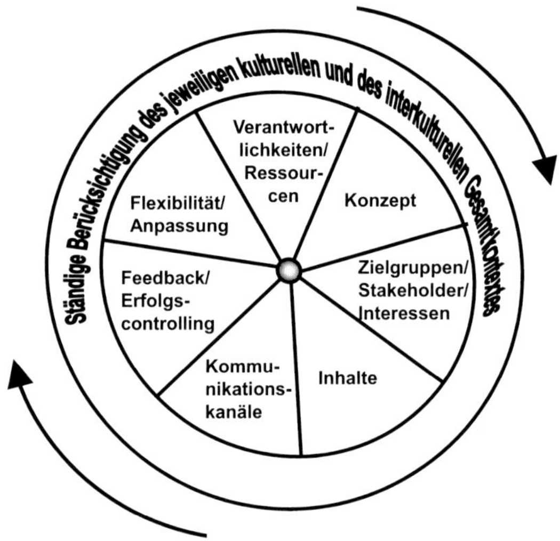

Quelle: Eigene Darstellung.

Abbildung 52: Kommunikationskonzept

4.3.2.1 Ständige Berücksichtigung des jeweiligen kulturellen und des interkulturellen Gesamtkontextes

Auf Basis der in der Cultural Due Diligence gewonnenen Erkenntnisse sollte im Rahmen einer Kommunikationsstrategie zur Integration von Unternehmenskulturen zu jeder Zeit der jeweilige kulturelle und der interkulturelle Gesamtkontext berücksichtigt werden. Dazu zählt das Wissen um sowie das respektieren von bisher bestehenden Unternehmenskulturen, der bisher vorherrschenden Kommunikationskulturen und evtl. existierender Einschränkungen, die daraus resultieren. So können in einem Kulturraum zulässige Kommunikationsinhalte und Kanäle in einem anderen Kulturraum völlig unpassend sein.

Auch die Bedeutung und Wirkung von Kommunikation im jeweiligen kulturellen Kontext sollte auf jeden Fall berücksichtigt werden, da z.B. ein persönlicher Brief des Vorstandsvorsitzenden eines Unternehmens im asiatischen Kulturraum eine ganz andere Wirkung erzielen kann als etwa in einer westlichen Kultur. Weiterhin sollte darauf geachtet werden, in welchen Sprachen und mit welchen Symbolen kommuniziert wird, um die gewünschten Botschaften zu übermitteln. Grundsätzlich sollte jede Kommunikation in der jeweiligen Landessprache mit den in diesem Kontext passenden Mitteln und Symbolen erfolgen.

Wie bereits in der Kommunikationstheorie erwähnt, kommt es darauf an, unterschiedliche Kontexte, Sprachen, Codes und Muster für die jeweiligen Kulturen in alle Überlegungen einzubeziehen.[310] Dabei gilt, je unterschiedlicher zwei Kulturen sind, desto aufwändiger ist es, Kommunikation erfolgreich zu realisieren.[311]

Insgesamt muss das Ziel darin bestehen, dass im Rahmen der interkulturellen Kommunikation die Inhalte und Ziele der Integration der Unternehmenskulturen sowie die Vision für das zukünftige Unternehmen taktvoll transportiert werden.

4.3.2.2 Festlegen der Verantwortlichkeiten und Ressourcen

Zu Beginn sollten klare Verantwortlichkeiten sowie Strukturen und Ressourcenverfügbarkeit festgelegt werden. Alle Kommunikationsfunktionen sollten in einer Corporate Communications-Funktion, die direkte der Leitung des Gesamtintegrationsteams untersteht, gebündelt werden. Diese Kommunikationsabteilung sollte auch alles zur Integration der Unternehmenskulturen im Bereich Kommunikation notwendige verantworten und koordinieren. Zu diesem Zweck sollte ein Team zusammengestellt werden, um alle Kommunikationsmaßnahmen, die sich auf die kulturelle Integration beziehen, zu verantworten. Dazu gehört die Planung und Umsetzung aller notwendigen internen und externen Kommunikation im Rahmen des Integrationsprozesses; die folgenden Punkte müssen geklärt werden:

- **Verantwortlichkeiten und Entscheidungsprozesse:** Wer trägt die Verantwortung für die Kommunikation zur Integration der Unternehmenskulturen? Wie erfolgt die Einbindung in die Gesamtkommunikation und -integration und wie sehen die Entscheidungsprozesse aus?[312]
- **Interne Teammitglieder:** Welche unternehmensinternen Mitarbeiter (möglichst aus den unterschiedlichen jeweiligen Kulturen werden) für das Team zur Verfügung stehen?
- **Externe Teammitglieder:** Welche externe Unterstützung, etwa Kommunikationsexperten oder interkulturelle Berater, ist vorgesehen?

---

[310] Vgl. Bolten (1997), S. 485ff. und Schreier (2001), S. 110f.
[311] Vgl. Herdin/Luger (2001).
[312] Vgl. Schreier (1999), S. 164.

- **Materielle Ressourcen:** Welches Budget und welche sonstigen materiellen Ressourcen stehen zur Verfügung?[313]

Die internen Teammitglieder sollten möglichst aus den jeweiligen unterschiedlichen Kulturen stammen, um eine passende Kommunikation zu gewährleisten. Für das Hinzuziehen von externen Kommunikationsexperten – zumindest in der Planungsphase – spricht deren Erfahrung mit den potentiellen Problemen und Fragen, die im Rahmen einer kulturellen Integration aufkommen können. Außerdem können im Rahmen eines strukturierten Ansatzes externe Experten bestimmte Kommunikationsfähigkeiten wie Formulieren von Texten oder Veranstaltungsplanung umsetzen.[314] Ein klares Wissen um die materiellen und besonders die finanziellen Ressourcen ist für die weitere Planung unerlässlich.

Weiterhin gehört dazu, für die Zusammenarbeit im Team bestimmte Grundregeln aufzustellen:

- Willen zur Teamarbeit,
- Respekt gegenüber den jeweiligen (Unternehmens)kulturen,
- Sprechen mit einer Stimme,
- Kritikfähigkeit,
- Bereitschaft zur flexiblen Anpassung.

Sind diese Punkte – sowie ein stetiger enger Kontakt mit den Integrationsverantwortlichen – sichergestellt, kann vom Team ein Kommunikationskonzept in Angriff genommen werden.

4.3.2.3 Erstellen eines Konzepts

Zu Anfang sollten basierend auf den für die kulturelle Integration definierten Zielen[315] im Rahmen des Konzeptes klare Ziele für die Kommunikation festgelegt werden, etwa die Unterstützung der Schaffung einer gemeinsamen neuen Drittkultur.[316] Um effektiv kommunizieren zu können, müssen im Rahmen des Konzeptes grundsätzlich die folgenden Fragen beantwortet werden:[317]

---

[313] Vgl. Galpin/Herndon (1999), S. 179.
[314] Vgl. Schreier (1999), S. 166f.
[315] Vgl. Kap. 4.2.2
[316] Vgl. Habeck et al. (2002), S. 131f.
[317] Vgl. Babe (1955), S. 57, zitiert in Strohmer (2001), S. 99.

- Wer sagt
- was
- mit Hilfe welchen Kanals
- zu wem
- mit welchem erwünschten Effekt
- und warum?

Mit der Beantwortung dieser Fragen sollten neben der grundlegenden Verantwortung Inhalte und Ziele der Integration der Unternehmenskulturen sowie die Vision für das zukünftige Unternehmen zu transportieren bestimmte Ergebnisse erreicht werden, die ebenfalls im Rahmen des Konzeptes festgelegt werden sollten, beispielsweise:

- Umgang mit Unsicherheiten und Ängsten
- Schaffung von Umsetzungswillen für die neue Unternehmenskultur
- Erreichung von externem Verständnis und Unterstützung für die neue Unternehmenskultur (Medien, Kunden, Lieferanten etc.)
- Bindung von Schlüsselmitarbeitern an das Unternehmen
- Bindung von wichtigen Kunden und Lieferanten an das Unternehmen

Das Konzept sollte so entwickelt werden, dass es zur zukünftig geplanten Unternehmenskultur passt, d.h. für eine offene, unbürokratische Unternehmenskultur sollte auch ein eben solcher Kommunikationsstil gefördert werden. Weiterhin sollte ein Konzept sicherstellen, dass eine zeitnahe, wahre und mutige Kommunikation stattfindet.[318] Getreu dem Motto: „Man kann nicht zu viel kommunizieren“, sollte möglichst regelmäßig und umfassend kommuniziert werden, auch wenn dies zu Wiederholungen der gleichen Nachrichten oder zu Mitteilungen von relativ unwichtigen Dingen – in Zeiten wo wenig passiert – führt.[319] Weiterhin sollten auch Vorbereitungen für eine evtl. Krisenkommunikation getroffen werden. Potentielle Risiken, z.B. interkulturelle Konflikte, sollten aufgelistet und ein Vorgehen für den Umfang mit diesen Risiken geplant werden. Alle Themen sollten proaktiv statt reaktiv angegangen werden, gleichzeitig sollte eine Konsistenz aller Kommunikation sichergestellt werden.[320]

Im Rahmen des Konzeptes sollte auch festgelegt werden, welches Symbol bezüglich der Kommunikation zur Integration der Unternehmenskulturen benutzt werden soll,

---

[318] Vgl. Galpin/Herndon (1999), S. 96.
[319] Vgl. Ribbink (2003), S. 3.
[320] Vgl. Galpin/Herndon (1999), S. 96 und Gut-Villa (1997), S. 253.

um diese zu fördern und einen Wiedererkennungswert zu schaffen. Ein solches Symbol sollte möglichst auf dem (neuen) Firmenlogo basieren und nur intern verwendet werden, um so einen Wiedererkennungseffekt für die Mitarbeiter zu erzielen, nicht aber in der Kommunikation nach außen mit einer unklaren Corporate Identity aufzutreten.

Im Rahmen der nach außen und innen gerichteten interkulturellen Kommunikationsstrategie sollte auch ein Plan für das Rebranding des Unternehmensauftrittes, das Corporate Design, erstellt werden, da dies ein wichtiges Transportmittel für die (neue) Unternehmesskultur ist.[321] Das bedeutet:[322]

- Aufsetzen eines Rebranding-Teams inklusive Planung externer Ressourcen
- Erstellung von Regeln für das Rebranding
- Erstellung eines Zeitplanes für das Rebranding
- Anfertigen einer Aufstellung aller vom Rebranding betroffenen Dinge (Unternehmensstandorte, Dokumente, Internetauftritt, Werbung etc.)

Während des Prozesses der Konzepterstellung muss selbstverständlich sichergestellt werden, dass das Vorhaben auf den Gesamtkommunikationsplan und den Integrationsplan abgestimmt ist. Dabei sollte sich das Kommunikationsteam ständig bewusst sein, dass die Motivation der Mitarbeiter sowie die Identifikation mit den Zielen bezüglich der neuen Unternehmenskultur erheblich von einer erfolgreichen Kommunikation abhängt.[323]

Nachdem das Grundkonzept für die Kommunikation erstellt ist, sollten die potentiellen Zielgruppen analysiert werden.

4.3.2.4 Ermitteln von Zielgruppen, Stakeholdern und deren Interessen

Im nächsten Schritt der Kommunikationsstrategie sollten die relevanten Zielgruppen und Stakeholder sowie deren Interessen identifiziert und analysiert werden.[324] Dabei sind die folgenden Fragen zu beantworten:

- Wer ist betroffen, wer muss informiert werden?

---

[321] Vgl. Schreier (1999), S. 184ff.
[322] Vgl. ebd.
[323] Vgl. Beger et al. (1989), S. 126f. und Noll (1996), S. 147f.
[324] Vgl. Grube/Töpfer (2002), S. 146ff. und Habeck et al. (2002), S. 127.

- Wie groß ist die Bedeutung der jeweiligen Zielgruppe für die Integration der Unternehmenskulturen?
- Was sind deren Interessen und wo könnte es potentiell Probleme geben?
- Wie können die Interessen berücksichtigt und Probleme gelöst werden?

Eine Auflistung der Zielgruppen und eine Einschätzung des Verfassers dieser Arbeit über deren Bedeutung für die kulturelle Integration zeigt die folgende Abbildung:

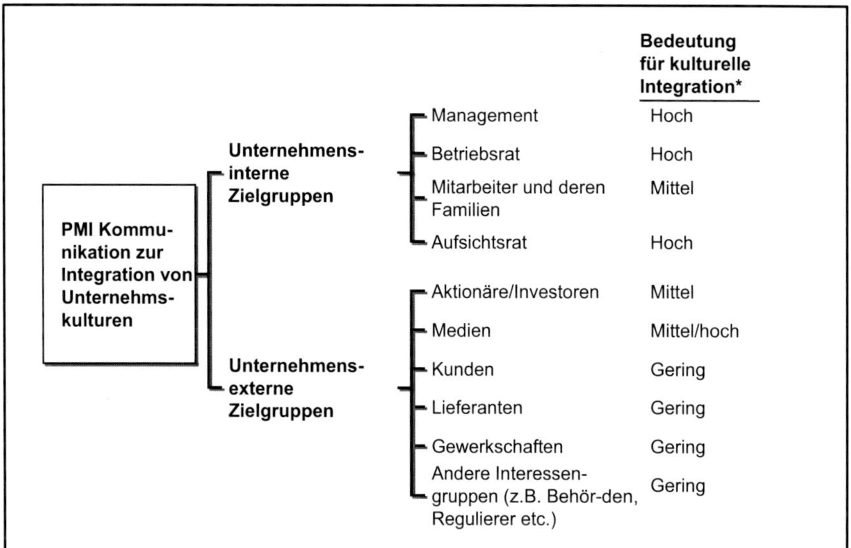

* Kann im Einzelfall variieren
Quelle: Eigene Darstellung in Ergänzung zu Grube/Töpfer (2002), S. 147.

Abbildung 53: Zielgruppen für die Kommunikation zur UK Integration

Stehen die Zielgruppen und deren Interessen fest, so sollten die eigentlichen Kommunikationsinhalte festgelegt werden.

4.3.2.5 Bestimmen der Inhalte

Auf Grundlage des Konzepts und der Zielgruppenanalyse sollten die Inhalte der Kommunikationsstrategie festgelegt werden. Auch dabei sollten wieder die Fragen

- Warum?
- Was?
- Wie?

- Wer?
- Wann?

sowie die zusätzlichen – insbesondere für die Mitarbeiter relevanten – Fragen:[325]

- Was bedeutet das für mich?
- Was habe ich davon?

beantwortet werden.

Basierend auf diesen Fragen sollten die Kernaussagen im jeweils notwendigen Detaillierungsgrad ausgearbeitet werden. Unter der bereits angesprochenen Berücksichtigung des Gesamtkontextes sollten die Inhalte und deren Kommunikation auf das jeweilige Unternehmen und die jeweilige Unternehmenskultur zugeschnitten sein.[326] Die folgende Abbildung fasst dabei relativ allgemein die wichtigsten Kommunikationsinhalte zur unternehmenskulturellen Integration in einem interkulturellen Rahmen zusammen:

Quelle: Eigene Darstellung in Ergänzung zu Grube/Töpfer (2002), S. 174 und Gerpott (1995), S. 885.

Abbildung 54: Zentrale Kommunikationsinhalte

[325] Vgl. Habeck et al. (2002), S. 129.
[326] Vgl. Kapitel 5.3.2.1.

Konkrete Kommunikationsinhalte können etwa sein:[327]

- Welche Gründe gab es für die M&A-Transaktion, was ist der Nutzen für das Gesamtunternehmen?
- Was genau macht eigentlich das jeweils andere Unternehmen (aus)?
- Was sind die Ziele und die Vision des zukünftigen Unternehmens und was macht die dazugehörige Unternehmenskultur aus?
- Wie sehen die Details zu Werten und Inhalten der Unternehmenskultur aus?
- Welche Synergien ergeben sich aus der neuen Unternehmenskultur?
- Was bedeutet die neue Unternehmenskultur speziell für Mitarbeiter, Kunden, Lieferanten, Funktionäre, etc.?
- Gibt es einen neuen Unternehmensnamen, wenn ja, welchen?
- Welches ist/sind die zukünftige(n) Unternehmenssprache(n)?
- Wie lautet der Zeitplan für die Umsetzung der neuen Unternehmenskultur, z.B. wann findet das Rebranding statt?
- Welche potentiellen Probleme bei der kulturellen Integration können auftreten und welche Lösungsansätze gibt es?

Die Kommunikationsinhalte sollten jederzeit der Wahrheit entsprechen und offen und ehrlich vermittelt werden, d.h. wenn es erklärtes Ziel ist, die Unternehmenskultur eines Unternehmens zu übernehmen, sollte dies im anderen Unternehmen klar kommuniziert werden. Die Mitarbeiter sollten dabei würdevoll behandelt werden; es macht aber keinen Sinn, die wahre Natur der Planung zu verheimlichen.[328]

Falls es negative Nachrichten gibt, sollte versucht werden, diese möglichst mit positiven Nachrichten zu bündeln, so dass die negativen Nachrichten an Schärfe verlieren. Bei der Formulierung sollte darauf geachtet werden, auch bei neutralen oder positiven Nachrichten die Formulierungen so zu wählen, dass keine negative Konnotation entsteht, etwa durch die Verwendung des negativ besetzten Wortes Entlassungen in der Mitteilung, dass es keine Entlassungen geben wird.[329]

Nach der Bestimmung der Kommunikationsinhalte, wird festgelegt, über welche Kanäle diese vermittelt werden sollen.

---

[327] In Ergänzung zu Gut-Villa (1997), S. 253 und Galpin/Herndon (1999), S. 179.
[328] Vgl. Galpin/Herndon (1999), S. 96 und Ribbink (2003), S. 5.
[329] Vgl. Habeck et al. (2002), S. 134.

4.3.2.6 Festlegen der Kommunikationskanäle

Wenn die Inhalte für die Kommunikation zur interkulturellen Integration der Unternehmenskulturen festgelegt sind, sollten die jeweils passenden Kommunikationskanäle ausgewählt werden. Hierzu sollte folgendes untersucht werden:

- Welche Kanäle gibt es?
- Wer kann mit diesen Kanälen erreicht werden?
- Wie effektiv und glaubwürdig ist der Kanal?
- Passt der Kanal zu Zielgruppen und Inhalten?
- Welcher Aufwand ist mit der Verwendung dieses Kanals verbunden?

Dabei sollte der Grundsatz gelten, dass wichtige Themen, wie etwa geplante Umstrukturierungen oder Entlassungen, möglichst immer im Rahmen einer persönlichen Face-to-Face Kommunikation übermittelt werden sollten.[330]

In Abbildung 55 werden die wichtigsten Kommunikationskanäle und Werkzeuge für eine interkulturelle Integration von Unternehmenskulturen dargestellt. Es wird weiterhin eine Bewertung derselben vorgenommen bezüglich der zu erzielenden Reichweite, der Motivationskraft und der Möglichkeit für ein direktes Feedback des jeweiligen Kanals.

Am Beispiel eines „Integrationsnewsletters" und eines Intranetauftritts zur kulturellen Integration soll an dieser Stelle die Verwendung der aufgeführten Kommunikationskanäle dargestellt werden.

Ein „Integrationsnewsletter" zum Thema „(Inter)kulturelle Integration" sollte in regelmäßigen Abständen die Mitarbeiter über diesen Themenkomplex informieren, wobei auch entsprechende Abschnitte in Veröffentlichungen zur Gesamtintegration möglich sind. Auf einen längeren Zeitraum angelegt, sollte dieses Informationsmedium gedruckt oder in elektronischer Form an alle Mitarbeiter verteilt werden und dabei visuell so ansprechend aufbereitet sein, dass Interesse geweckt wird. Inhalte können die Beantwortung von Fragen zur kulturellen Integration, zur neuen Unternehmenskultur, Zielen und Ansprüchen der Integration sowie die Vorstellung von bestimmten Personen oder Standorten oder Berichte über bereits durchgeführte oder bevorstehende Integrationsveranstaltungen sein. Weiterhin muss darauf geachtet werden, dass der Newsletter gleichzeitig in den jeweils notwendigen Sprachen zur Verfügung steht und verteilt wird.

[330] Vgl. Galpin/Herndon (1999), S. 96.

Kommunikationskanäle	Reich-weite	Motivati-onskraft	Direkte Feedback-möglichkeit
• Briefe, Memos,	◕	◔	x
• Mitarbeiterzeitschrift, Broschüren, Handzettel	◕	◔	x
• Presseveröffentlichungen	●	◔	x
• Pressekonferenzen, Interviews	◔	◔	✓
• Präsentationen, Vorträge vor großen Gruppen	◕	◑	x
• Versammlungen in kleinen Gruppen (etwa auf Abteilungsebene) mit Frage und Antwort-Teil	◕	◕	✓
• Videokonferenzen			
• E-mail	◑	◕	✓
• Intranet	◑	◔	x
• Internet	◕	◔	x
• Tonbänder, Videos	◔	◔	x
• Info-Brett, Poster	◑	◑	x
• Persönliche Gespräche unter vier Augen	◕	◔	x
• Seminare, Workshops (auch außerhäusig)	◔	●	✓
• Informelle Treffen zwischen Management und Mitarbeitern (etwa zum gemeinsamen Mittagessen)	◑ ◔	● ●	✓ ✓

● Hoch
○ Niedrig

Quelle: Eigene Darstellung in Ergänzung zu Grube/Töpfer (2002), S. 152f. und Schreier (1999), S. 163f.

Abbildung 55: Kommunikationskanäle

Eine Seite zur kulturellen Integration im Intranet, evtl. im Rahmen der Gesamtintegrationshomepage ist ebenfalls ein sinnvolles Werkzeug. Hier kann das bereits veröffentlichte Kommunikationsmaterial noch einmal zur Verfügung gestellt werden. Es kann Antworten auf häufig gestellte Fragen geben, die Ziele der kulturellen Integration können dargestellt werden, Verantwortliche können vorgestellt, Veranstaltungen angekündigt und der Zeitplan detailliert werden. Auch diese Intranetseite sollte in den jeweiligen Landessprachen zur Verfügung stehen und sehr regelmäßig aktualisiert werden.

Auf die bereits kurz angesprochenen Feedbackkanäle sowie deren Bedeutung wird im nächsten Kapitel eingegangen.

4.3.2.7 Durchführen eins Erfolgscontrollings mittels Feedback

Um die Mitarbeiter wirklich zu überzeugen ist es notwendig, eine interaktive und bidirektionale Kommunikation zu nutzen, d.h. die Mitarbeiter müssen die Möglichkeit haben, ohne große Verzögerung auf die Kommunikation zu reagieren.[331] Diese Form des kommunikativen Dialoges ermöglicht ein Feedback, das die direkte Reaktion der Mitarbeiter als eine sinnlich wahrnehmbare Rückmeldung manifestiert.[332] Somit kann durch eine richtige Nutzung der Feedbackkanäle die Motivation der Mitarbeiter gesteigert sowie die Identifikation mit den Zielen bezüglich der neuen Unternehmenskultur erreicht werden.[333]

Um zu überprüfen, ob die Kommunikation ihren Zweck erfüllt und die aufgestellten Ziele erreicht werden, sollte Feedback eingeholt und so ein Erfolgscontrolling durchgeführt werden. Dies ist auch die Grundlage für die im nächsten Schritt beschriebene flexible Anpassung der Kommunikation an die jeweiligen Gegebenheiten.

Um Feedback einzuholen, stehen zusätzlich zu den Kommunikationskanälen mit direkter Feedbackmöglichkeit[334] unterschiedliche Mittel zur Verfügung:

- Telefonhotlines
- Interviews
- Telefonbefragungen
- Fragebögen
- Elektronische Fragebögen
- Fokusgruppen
- Auswertung der Intranetnutzung

Jedes dieser Mittel zur Feedbackgewinnung bietet gewisse Vor- und Nachteile, so dass deren Nutzung auf die jeweilige Situation abgestimmt werden muss. Für einen interkulturellen Kontext hat sich eine möglichst 24 Stunden am Tag besetzte Telefonhotline in den jeweiligen Landessprachen bewährt, die als erste Anlaufstelle für dringende Fragen und Probleme dienen kann und relativ klare Rückschlüsse auf die akuten Kommunikationsthemen zulässt.[335] Wichtig ist natürlich auch, was im Rahmen der vorhandenen Ressourcen überhaupt realisierbar ist. Auch das Beobachten von indirekten Feedbackkanälen kann wichtig sein, z.B. die Höhe des Krankenstandes, die Aktienkursentwicklung oder das Verhalten von Mitarbeitern und Führungskräften.[336]

---

[331] Vgl. Salecker (1995), S. 177f. und Galpin/Herndon (1999), S. 179.
[332] Vgl. Zeitz (1998), S. 47 und Zerfaß (1995), S. 27.
[333] Vgl. Beger et al. (1989), S. 126f. und Noll (1996), S. 147f.
[334] Vgl. Kapitel 5.3.2.6.
[335] Vgl. Geschwill (2000), S. 53.
[336] Vgl. Habeck et al. (2002), S. 136.

Insbesondere auf Basis des Feedbacks sollte im nächsten Schritt bei Bedarf eine flexible Anpassung der Kommunikationsstrategie erfolgen.

4.3.2.8 Flexible Anpassung des Konzepts bei Veränderungen oder neuen Herausforderungen

Wie bereits erwähnt, sollte die Kommunikationsstrategie zur interkulturellen Integration von Unternehmenskulturen flexibel gestaltet und auf Basis des erhaltenen Feedbacks bei Bedarf angepasst werden. Die Ergebnisse aus dem Feedback sollten stetig genutzt werden, um das Kommunikationsvorgehen ehrlich einzuschätzen und zu adaptieren bzw. zu verbessern. Dabei steht im Mittelpunkt, ob die Visionen der neuen Unternehmenskultur klar, kompakt und überzeugend vermittelt werden kann.[337] Dazu sollten alle erhaltenen Informationen ausgewertet und unter Umständen aufkommende Probleme oder Veränderungen der Rahmenbedingungen aufmerksam analysiert werden, um durch eine eventuelle Veränderung der Verantwortlichkeiten, des Konzepts, der Zielgruppenkommunikation, der Inhalte oder der Kommunikationskanäle reagieren zu können, um trotzdem die auf Basis der Strategie und des Integrationskonzepts formulierten Ziele erreichen zu können.[338]

[337] Vgl. Habeck et al. (2002), S. 137.
[338] Vgl. Palm (2005d), S. 26ff.

5

Ergebnis und Zusammenfassung

In der vorliegenden Arbeit wurden zuerst die Gründe für M&A erläutert. Diese liegen hauptsächlich in der fortschreitenden Globalisierung und dem Wunsch der Unternehmen, Synergien zu erzielen. Danach wurde auf das häufige Scheitern im Verlauf der Integrationsphase, insbesondere auf Grund einer Vernachlässigung der „weichen“ Faktoren, vor allem der Unternehmenskultur, eingegangen. Nach einer Klärung und Abgrenzung der relevanten Begriffe wurden die bestehenden theoretischen Konzepte zur Post Merger Integration im Allgemeinen und zur Integration von Unternehmenskulturen im Besonderen dargestellt. Da eine praxisnahe Vorgehensweise zu Integration von Unternehmenskulturen in einem interkulturellen Kontext im aktuellen Forschungsstand als Desiderat identifiziert werden konnte, wurden im Rahmen einer empirischen Untersuchung Kriterien und Inhalte für ein solches ausgearbeitet.

Im empirischen Teil der Arbeit wurde deutlich, dass die die „weichen“ Faktoren für ein erfolgreiches Integrationsmanagement eine entscheidende Rolle spielen. Besonders wichtig waren in diesem Zusammenhang die Berücksichtigung der Unternehmenskulturen und eine ganzheitlich abgestimmte Kommunikationsstrategie. Somit sollte ein Gesamtintegrationsplan immer explizit die kulturelle Integration beinhalten und dieser Teilbereich rechtzeitig und möglichst detailliert ausgearbeitet werden. Auch bei der Planung der Kommunikationsstrategie muss in diesem Rahmen Rücksicht auf die jeweiligen Kulturen und die daraus resultierenden Unterschiede genommen werden.

Weiterhin kommt der Verfasser dieser Arbeit zu dem Ergebnis, dass der Cultural Fit im Vorfeld von M&A gerade nicht zwangsläufig erfolgsentscheidend für eine spätere Integration ist[339]. Wichtiger ist es hingegen, eine Integration von Unternehmenskulturen mit Rücksicht auf diese und evtl. existierende Unterschiede zu planen. Dies ist nur möglich, wenn genaue Informationen dazu im Rahmen einer kulturellen Due Diligence im Vorfeld der Transaktion erhoben worden sind. So sollte, wenn es wirtschaftlich Sinn macht und die Gesamtstrategie einen Zusammenschluss erfordert, nicht der fehlende Cultural Fit als Hinderungsgrund gelten, sondern vielmehr in diesem Fall sichergestellt werden, dass im Rahmen der Gesamtintegration ein besonderes Augenmerk auf die Integration der Unternehmenskulturen gerichtet wird.

Eine erfolgreiche interkulturelle Post Merger Integration von Unternehmenskulturen basiert nach den aus Theorie und Empirie resultierenden Kriterien auf fünf Grundpfeilern:

- **Kulturverständnis:** Dieser Bereich deckt das Verstehen der jeweiligen Unternehmenskultur der beiden zu integrierenden Unternehmen ab, welches aus der in der Pre Merger Phase durchgeführten Cultural Due Diligence resultieren sollte.
- **Klare Zielvorstellungen und Umsetzungswillen im Top-Management:** Klarer Vorstellungen bezüglich der Ergebnisse, die nach der Integration erreicht werden sollen, müssen bereits im Vorfeld der Integrationsphase definiert, deren Umsetzung im Laufe der Integration kontrolliert und vom Top-Management mit deutlichem Umsetzungswillen begleitet werden.
- **Interkulturelle Trainings, Schulungsmaßnahmen und Coaching:** Um potentielle landes- und unternehmenskulturelle Differenzen zu überbrücken und allen Beteiligten die notwendige interkulturelle Kompetenz zu vermitteln, sollte auf interkulturelle Trainings, Schulungsmaßnahmen und Coaching zurückgegriffen werden.
- **Interkulturelle Integrationsteams und Mediatoren sowie externe Experten:** Um die kulturelle Integration zu forcieren, sollten interkulturelle Integrationsteams und Mediatoren eingesetzt sowie externe Experten mit relevanter Erfahrung zur Unterstützung genutzt werden.
- **Ganzheitliches interkulturelles Kommunikationskonzept:** Eine ganzheitliche Kommunikationsstrategie zur Integration von Unternehmenskulturen stellt

[339] Vgl. etwa die Untersuchung von Bamberger (1994).

gerade in einem interkulturellen Kontext einen erfolgsentscheidenden Faktor dar.

Da die interkulturelle Kommunikationsstrategie einen zentralen Erfolgsfaktor darstellt, wurde diese detailliert erläutert. Sie besteht aus folgenden Teilen:

- Berücksichtigung des jeweiligen kulturellen und des interkulturellen Gesamtkontextes
- Festlegen der Verantwortlichkeiten und Ressourcen
- Erstellen eines Konzepts
- Ermitteln von Zielgruppen und Stakeholdern und deren Interessen
- Bestimmen der Inhalte
- Festlegen der Kommunikationskanäle
- Einholen von Feedback und durchführen eines Erfolgscontrollings
- Flexible Anpassung des Konzepts bei Veränderungen oder neuen Herausforderungen.

Mit Hilfe des vorgestellten Konzeptes kann nach Ansicht des Verfassers dieser Arbeit eine kulturelle Integration und somit auch eine Gesamtintegration deutlich erfolgreicher gestaltet werden, als dies bisher der Fall war.

Nach dieser Zusammenfassung wird abschließend noch eine kritische Würdigung der vorliegenden Arbeit vorgenommen sowie ein Ausblick auf künftige Fragestellungen bezüglich der kulturellen Integration gegeben.

6

Relevanz der Arbeitsergebnisse für Litauen

In der vorliegenden Arbeit hat sich gezeigt, dass in der in der heutigen Zeit der länder- und kulturübergreifenden Mergers & Acquisitions, die Integration nach der eigentlichen Transaktion für einen ökonomischen Erfolg immer mehr an Bedeutung gewinnt. Daher wurde auf einer fundierten theoretischen und empirischen Basis ein Konzept entwickelt, um die Integration von Unternehmenskulturen besser gelingen zu lassen. Weiterhin wurde im Rahmen dieses erfolgsoptimierenden Integrationskonzeptes eine Vorlage für eine ganzheitliche Kommunikationsstrategie erarbeitet.

Das vorgestellte Integrationskonzept ist insofern für Litauen von besonderer Relevanz, dass seit der Unabhängigkeit Litauens 1991 und besonders seit dem Beitritt zur Europäischen Union 2004 immer häufiger interkulturelle M&A-Transaktionen mit litauischer Beteiligung stattfinden. Diese Entwicklung wird durch die 2006 geplante Einführung des Euro sehr wahrscheinlich noch verstärkt werden, Litauen wird mehr und mehr Teil einer globalisierten Weltwirtschaft.

Bereits heute engagieren sich wichtige internationale Investoren, insbesondre aus Schweden, den Vereinigten Staaten von Amerika, Dänemark und Deutschland in Litauen, dazu gehören z. B. Siemens, Motorola, IKEA oder die ERGO Gruppe. Durch das des ratifizierten Investitionsschutzabkommens mit den USA gibt es in Litauen außerdem in wachsendem Maße Direktinvestitionen aus dem dortigen Wirtschaftsraum. Es scheint sicher, dass Litauen auch in Zukunft großen wirtschaftlichen Nutzen aus seiner sehr günstigen strategisch Lage zwischen Ost- und Westeuropa ziehen wird und weitere ausländische Investitionen in Form von Joint Ventures, reinen Tochtergesellschaften und Beteiligungen stattfinden werden.

Daher ist gerade für die aufstrebende Wirtschaft Litauens von entscheidender Bedeutung, dass die Zusammenarbeit mit Partnern, die aus anderen Kulturen stammen und insbesondere das Integrationsmanagement nach einer Fusion oder Akquisition erfolgreich gestaltet wird. Die vorliegende Arbeit leistet hierzu einen Beitrag, indem ein Konzept zur Post Merger Integration von Unternehmenskulturen mit einem besonderen Fokus auf eine ganzheitliche Kommunikationsstrategie entwickelt wurde.

Das erarbeitete Konzept kann helfen, die Integration von Unternehmenskulturen nach einer M&A-Transaktion mit litauischer Beteiligung besser zu planen und durchzuführen, dadurch eine deutlich bessere interkulturelle Zusammenarbeit zu erreichen und somit einen schnelleren ökonomischen Erfolg zu gewährleisten.

7

Kritische Stellungnahme und Ausblick

Am Anfang dieser Arbeit stand die These, dass durch eine intensivere Berücksichtigung der „weichen“ Faktoren der Integrationserfolg – insbesondere in einem interkulturellen Kontext – deutlich erhöht werden kann. Dieses wurde belegt und mit Blick auf die Integration von Unternehmenskulturen und dafür notwendige Kommunikationsstrategien ausgeführt.

Gleichzeitig bleibt natürlich zu berücksichtigen, dass alleine die „weichen“ Faktoren nicht den Ausschlag für eine erfolgreiche Integration geben und so alle Konzepte, die sich mit den „weichen“ Faktoren beschäftigen, immer nur sinnvoll als Teil einer Gesamtstrategie verstanden werden können, die auch und gerade die „harten“ Faktoren berücksichtigen. Dieses wurde am Beispiel der Due Diligence deutlich, die natürlich hauptsächlich auf messbaren Zahlen und Fakten basiert, gleichzeitig aber als Cultural Due Diligence „weiche“ Faktoren berücksichtigen sollte. Sicherlich ist die mangelnde Integration von Unternehmenskulturen nicht der einzige Grund für das Scheitern von M&A-Transaktionen, da es aber einer der möglichen Gründe ist, sollte auch diesem Bereich die entsprechende Aufmerksamkeit gewidmet werden. Durch eine ganzheitliche Due Diligence inklusive einer Cultural Due Diligence können, wie gezeigt, bereits im Vorfeld potentielle Probleme erkannt und dann adressiert oder bei zu starken Differenzen gar ganz auf die Transaktion verzichtet werden.

Bei Betrachtung des erarbeiteten Integrationskonzeptes für Unternehmenskulturen werden die im Folgenden aufgeführten potentiellen Einschränkungen und Defizite deutlich. Das vorgeschlagene Vorgehen verlangt eine hohe Ressourcenverfügbarkeit. Sowohl finanziell, etwa für Trainer, externe Experten oder Rebranding, wie auch an Arbeitskraft von Management und Mitarbeitern. Dies ist sicherlich nicht in allen Konstellationen realisierbar und macht das Konzept nicht in jedem Fall durchführbar. Auch kann die Notwendigkeit von externen Experten und Trainern neben den finanziellen Belastungen unter Umständen zu Problemen mit Unternehmensgeheimnissen und -interna, oder in der Zusammenarbeit mit internen Mitarbeitern führen.

Weiterhin ist ohne eine sinnvolle Einbindung des Konzeptes in die Gesamtintegrationsstrategie und ohne einen deutlichen Willen der Unternehmensleitung zur Durchführung der kulturellen Integration, das Konzept nicht durchführbar.

Mit einem Fokus auf die Bedeutung der Kommunikation lässt sich festhalten, dass auch die beste Kommunikationsstrategie nicht das Gelingen einer Integration von Unternehmenskulturen garantieren kann, allerdings kann eine schlechte Kommunikation erheblich zum Scheitern einer solchen beitragen Dabei muss ein Kommunikationskonzept immer jeweils individuell für den aktuellen Fall entwickelt werden.

Auch wenn es auf Basis der Erkenntnisse aus Theorie und Empirie als sehr wahrscheinlich anmutet, dass das vorgestellte Konzepte nach interkulturellen M&A zu einer deutlich erfolgreicheren Integration der Unternehmenskulturen und somit zu einer Gesamtintegration mit deutlich besseren Ergebnissen führen kann, so ist das Konzept doch noch nicht unter realen Bedingungen getestet worden und müsste erst über einen längeren Zeitraum beobachtet werden. Die zukünftige Forschung muss messbar machen und untersuchen, inwieweit die Umsetzung des vorgeschlagenen Integrationskonzeptes für Unternehmenskulturen den Erfolg einer Post Merger Integration beeinflusst und unterstützt.

Literaturverzeichnis

Ackermann, Karl-Friedrich (1991): Personalmanagement für die 90er Jahre. Neue Entwicklungen, neues Denken, neue Strategien, Stuttgart 1991.

Adler, Nancy J. (1997): International Dimensions of Organizational Behavior, 3. Auflage, Cincinnati 1997.

Afsaneh, Nahavandi.; Malekzadeh, Ali R. (1988): Acculturation in Mergers and Acqisitions, in: Academy of Management Review, 13, 1, S. 79–90.

Albrecht, Stefan (1994): Erfolgreiche Zusammenschlußstrategien. Eine Empirische Untersuchung deutscher Unternehmen, Wiesbaden 1994.

Aleknavičiūtė, Giedrė; Mačerinskienė, Irena (2011): The Evaluation of Social Capital Benefits: Enterprise Level, in: Verslas, Vadyba ir Studijos, Vol. 9, No. 1, S. 109–126.

An, Yonghong (2010): Horizontal Mergers of Online Firms: Structural Estimation and Competitive Effects, Baltimore, Md., 2010.

Appel, Holger; Hein, Christoph (1998): Der DaimlerChrysler Deal, Stuttgart 1998.

Aristoteles (1994): Metaphysik, Berlin 1994.

Arnold, Alexander C. (1997): Kommunikation im Wandel – Grenzen und Möglichkeiten der Kommunikation bei unternehmerischem Wandel Aufgezeigt am Fall der Division Chemikalien der Ciba-Geigy AG, Basel 1997.

Azbainis, Vytautas; Rudzkienė, Vitalija (2011): Evaluation of Impact of Transition and Economic Crises on Real Estate Market, in: Verslas: Teorija ir Praktika, Vol. 12, No. 2, S. 150–161.

Babe, Robert (1955): Communication and The Transformation of Economics, Colerade 1955.

Backhausen, Wilhelm; Thommen, Jean-Paul (2003): Coaching. Durch Systemisches Denken zu Innovativer Personalentwicklung, Wiesbaden 2003.

Bamberger, Burkhard (1994): Der Erfolg von Unternehmensakquisitionen in Deutschland: Eine theoretische und empirische Untersuchung, Bergisch Gladbach u.a. 1994.

Bark, Cyrus B. (2002): Integrationscontrolling bei Unternehmensakquisitionen. Ein Ansatz zur Einbindung der Post-Merger-Integration in die Planung, Steuerung und Kontrolle von Unternehmensakquisitionen, Frankfurt am Main u.a. 2002.

Barmeyer, Christoph I. (1998): Interkulturelle Personalorganisation, Sternenfels 1998.

Baumer, Thomas (2002): Handbuch interkulturelle Kompetenz, Zürich 2002.

Beger, Rudolf; Gärtner, Hans-Dieter; Mathes, Rainer (1989): Unternehmenskommunikation. Grundlagen, Strategien, Instrumente, Frankfurt/Main 1989.

Bekier, Matthias M.; Bogardus, Anna J.; Oldham, Tim (2001): Why Mergers Fail, in: The McKinsey Quarterly, No. 4, S. 6–9.

Benedict, Ruth (1989): Patterns of Culture, 28. Auflage, Boston 1989.

Beneke, Jürgen (2001): Hard Facts and Soft Skills: Systematische Ansätze für eine ganzheitliche Globalisierung, in: CultureScan, 1. Jahrgang, Nr. 1, S. 1–21.

Bethge, Hans (2004): Internationale Fusionen Liegen im Trend, in: Handelsblatt, 28. 4. 2004, S. C3.

Beyer, Heinrich; Fehr, Ulrich; Nutzinger, Hans G. (1996a): Unternehmenskultur und Innerbetriebliche Kooperation. Anforderungen und Praktische Erfahrungen, Wiesbaden 1996.

Beyer, Heinrich; Fehr, Ulrich; Nutzinger, Hans G. (1996b): Vorteil Unternehmenskultur. Partnerschaftlich Handeln – den Erfolg mitbestimmen, 7. Auflage, Gütersloh 1996.

Bieshaar, Hans; Knight, Jeremy ; Wassenaer, Alexander van (2001): Deals That Create Value, in: McKinsey Quarterly, Nr. 1, S. 65 – 73.

Birkinshaw, Julian; Bresman, Henrik; Hakanson, Lars (2000): Managing The Post-acquisition Integration Process: How the Human Integration and Task Integration Processes Interact to Foster Value Creation, in: Journal of Management Studies, 37, S. 395–425.

Blažienė, Inga; Ruževskis, Boguslavas (2010): Socially Responsible Restructuring: Employees' Security Dimension in Lithuania, in: Verslas: Teorija ir Praktika, Vol. 11, No. 4, S. 302–313.

Boerner, Sabine (1994): Die Organisation Zwischen Offener und Geschlossener Gesellschaft – Athen oder Sparta?, Berlin 1994.

Bolten, Jürgen (Hrsg.) (1995a): Cross Culture. Interkulturelles Handeln in der Wirtschaft, Sternenfels/Berlin 1995.

Bolten, Jürgen (1995b): Grenzen der Internationalisierungsfähigkeit. Interkulturelles Handeln aus interaktionstheoretischer Perspektive; in: Bolten, Jürgen (Hrsg.), Cross Culture. Interkulturelles Handeln in der Wirtschaft, Sternenfels/Berlin 1995, S. 24–42.

Bolten, Jürgen (1997): Interkulturelle Wirtschaftskommunikation; in: Walter, Rolf (Hrsg.), Wirtschaftswissenschaften. Eine Einführung, Paderborn u.a. 1997, S. 467–497.

Bolten, Jürgen (1998): Integrierte interkulturelle Trainings als Möglichkeit der Effizienzsteigerung und Kostensenkung in der internationalen Personalentwicklung; in: Barmeyer, Christoph I.; Bolten, Jürgen (Hrsg.), Interkulturelle Personalorganisation, Sternenfels/Berlin 1998, S. 157–178.

Bolten, Jürgen (1999): Hauptseminar Kulturanthropologie, 24. 11. 1999, Jena.

Bolten, Jürgen (2000): Können internationale Mergers eine Eigene Identität Ausbilden, Bayreuth 2000.

Bolten, Jürgen (2001): Interkulturelles Coaching, Mediation, Training und Consulting als Aufgaben des Personalmanagements internationaler Unternehmen, http://www2.uni-jena.de/philosophie/iwk/forschung/Publikationen/Coaching.pdf, 18. 03. 2004.

Bolten, Jürgen (2002): Interact 2.0. Interkulturelles Verhandlungstraining, Sternenfels/ Berlin 2002.

Bolten, Jürgen (2003a): Interkulturelle Kompetenz, 2., unveränd. Auflage, Erfurt 2003.

Bolten, Jürgen (2003b): Kann man Kulturen Beschreiben oder Erklären, ohne Stereotypen zu Verwenden? Einige Programmatische Überlegungen zur Kulturellen Stilforschung, http://141.35.2.84/philosophie/iwk/forschung/Publikationen/Kulturbeschreibung.pdf, 22.11.2003.

Bolten, Jürgen (2003c): Das Kommunikationsparadigma im Internationalen M&A-Prozeß. Due Diligences und Post-Merger-Management im Zeichen der „Zweiten Moderne"; in: Strähle, Jochen (Hrsg.), Interkulturelle Mergers & Acquisitions, Sternenfels/Berlin 2003, S. 10–36.

Böning-Consult (2003): Passion for Excellence or Passion for Ignorance. Studie zu wichtigen Aspekten von Fusionen. Untersuchungsergebnisse, Frankfurt/Main 2003.

Buccirossi, Paolo et al (2008): A Short Overview of A Methodology for The Ex-post Review of Merger Control Decisions, in: De Economist: Netherlands Economic Review, Bd. 156, 2008, 4, S. 453–475.

Bundesverband der Deutschen Industrie e.V. (Hrsg.) (1997): Benchmarking im Internationalen Standort-Wettbewerb, Köln 1997.

Buono, Anthony F.; Bowditch, James L. (1989): The Human Side of Mergers and Acquisitions. Managing Collisions Between People, Cultures, and Organizations, San Francisco u.a. 1989.

Bussiek, Jürgen (1994): Informationsmanagement im Mittelstand. Erfolgspotentiale Erkennen und Nutzen, Wiesbaden 1994.

Büttgenbach, Marc (2000): Die erfolgreiche Integration nach Firmenübernahmen. Wie Fehler Vermieden Werden Können, Marburg 2000.

Calori, Roland; Lubatkin, Michael; Very, Philipe (1994): Control Mechanisms in Crossborder Acquisitions: An International Comparison, in: Organization Studies, 15, S. 361–379.

Cannella, Albert A.; Hambrick, Donald C. (1993): Effects of Executives Departures on the Performance of Acquired Firms, in: Strategic Management Journal, 14, S. 137–152.

Capron, Laurence; Dussauge, Pierre; Mitchell, Will (1998): Resource Redeployment Following Horizontal Acquisitions in Europe and North America, 1988–1992, in: Strategic Management Journal, 19, S. 631–661.

Capron, Laurence; Hulland, John (1999): Redeployment of Brands, Sales Forces, and General Marketing Management Expertise Following Horizontal Acquisitions, in: Journal of Marketing, 63, 4, S. 41–54.

Capron, Laurence; Mitchell, Will (1997): Outcomes of International Telecommunications Acquisitions: Analysis of Four Cases with Implications for Acquisitions Theory, in: European Management Journal, 15, S. 237–251.

Cartwright, Sue; Cooper, Cary L. (1992): Mergers and Acquisitions: The Human Factor, Oxford u.a. 1992.

Cartwright, Sue; Cooper, Cary L. (1996): Managing Mergers, Acquisitions and Strategic Alliances. Integrating People and Cultures, Oxford u.a. 1996.

Cartwright, Sue; Cooper, Cary L. (2000): HR Know-how in Mergers and Acquisitions, London 2000.

Castrogiovanni, Gary .J.; Bruton, Garry .D. (2000): Business turnaround Processes Following Acquisitions: Reconsidering The Role of Retrenchment, in: Journal of Business Research, 48, S. 25–34.

Chakrabarti, Alok .K.; Hauschildt, Jürgen; Süverkrüp, Christian (1994): Does it Pay to Acquire Technological Firms?, in: R&D Management, 24, S. 47–56.

Clever, Holger (1992): Post-Merger-Management, Stuttgart u.a. 1992.

Cox, Taylor H. (1994): Cultural Diversity in Organizations: Theory, Research & Practice, San Francisco 1994.

Dafny, Leemore S. (2009): Estimation and Identification of Merger Effects: An Application to Hospital Mergers, in: The Journal of Law & Economics, Bd. 52, 2009, 3, S. 523–550.

Danckwortt, Dieter (1985): Anmerkungen zur Theoretischen Fundierung der Analyse Interkultureller Begegnungen; in: Thomas, Alexander (Hrsg.), Interkultureller Austausch als Interkulturelles Handeln, Saarbrücken 1985, S. 193–206.

Datta, Deepak K.; Puia, George (1995): Cross Border Acquisitions: An Examination of The Influence of Relatedness and Cultural Fit on Shareholder Value Creation in U.S. Acquiring Firms, in: Management International Review, 35, S. 337–359.

Day, Jonathan D.; Jung, Michael (2000): Corporate Transformation Without a Crisis, in: McKinsey Quarterly, No. 4, S. 116–127.

Deal, Terrence E.; Kennedy, Allan A. (1982): Corporate Cultures: the Rites and Rituals of Corporate Life, London 1982.

Dichter, Steven F.; Gagnon, Chris; Alexander, Ashok (1993): Leading Organizational Transformations, in: McKinsey Quarterly, No. 1, S. 89–106.

Dobiey, Dirk; Wargin, John J. (2001): Management of Change. Kontinuierlicher Wandel in der Digitalen Ökonomie, Bonn 2001.

Drumm, Hans Jürgen (1988): Probleme der Erfassung und Messung von Unternehmenskultur; in: Dülfer, Eberhard (Hrsg.), Organisationskultur: Phänomen – Philosophie – Technologie, Stuttgart 1988, S. 129–137.

Dülfer, Eberhard (Hrsg.) (1988): Organisationskultur: Phänomen – Philosophie – Technologie, Stuttgart 1988.

Ebers, Mark (1988): Der Aufstieg des Themas "Organisationskultur" in Problem- und Disziplingeschichtlicher Perspektive; in: Dülfer, Eberhard (Hrsg.), Organisationskultur: Phänomen – Philosophie – Technologie, Stuttgart 1988, S. 23–47.

Elsass, Priscilla. M.; Veiga, John. F. (1994): Acculturation in Acquired Organizations: A Force-Field Perspective, in: Human Relations, Vol. 47, No. 4, S. 431–453.

Feldmann, Mark L.; Spratt, Michael F. (2000): Speedmanagement für Fusionen, Wiesbaden 2000.

Fischer, Jürgen (1989): Von Human Relations zur Unternehmenskultur, in: Zeitschrift für Personalforschung, Vol. 3, No. 1, S. 61–73.

Friederichs, Peter (1999): Personal als Change Agent bei Fusionen, in: Personal, 7/1999, S. 336–339.

Friedrichs, Jürgen (1997): Globalisierung – Begriff und Grundlegende Annahmen, in: Aus Politik und Zeitgeschichte, B 33-34/97, S. 3–11.

Galpin, Timothy J.; Herndon, Mark (1999): The Complete Guide to Mergers and Acquisitions: Process Tools to Support M&A Integration at Every Level, San Francisco 1999.

Gattermeyer, Wolfgang; Al-Ani, Ayad (Hrsg.) (2001): Change Management und Unternehmenserfolg. Grundlagen-Methoden-Praxiserfolg, 2., akt. und erw. Auflage, Wiesbaden 2001.

Gaughan, Patrick A. (1999): Mergers, Acquisitions and Corporate Restructuring, 2. Edition, New York 1999.

Gärtner, Dennis L..; Halbheer, Daniel (2009): Are there Waves in Merger Activity after all?, in: International Journal of Industrial Organization, Bd. 27, 2009, 6, S. 708–718.

Ginevičius, Romualdas; Gudačiauskas, Darius (2004): Brand Valuation Model, in: Journal of Business Economics and Management, Vol. V, No. 3, S. 143–153.

Ginevičius, Romualdas; Krivka, Algirdas (2009): Multicriteria Evaluation of the Competitive Environment in the Oligopolic Market, in: Verslas: Teorija ir Praktika, Vol. 10, No. 4, S. 247–258.

Ginevičius, Romualdas; Petraškevičius, Vladislavas; Šimkūnaitė, Jolita (2010): The Influence of Market Concentration on The Results of Enterprise Commercial Activities, in: Verslas: Teorija ir Praktika, Vol. 11, No. 3, S. 185–193.

Ginevičius, Romualdas; Podvezko, Valentinas; Bruzge, Šarūnas (2008): Evaluating The Effect of State Aid to Business by Multicriteria Methods, in: Journal of Business Economics and Management, Vol. IX, No. 3, S. 167–180.

Gerds, Johannes; Schewe, Gerhard (2004): Post Merger Integration. Unternehmenserfolg durch Integration Excellence, Berlin u.a. 2004.

Gerpott, Torsten J. (1993a): Integrationsgestaltung und Erfolg von Unternehmensakquisitionen, Stuttgart 1993a.

Gerpott, Torsten J. (1993b): Ausscheiden von Top Managern nach Akquisitionen: Segen oder Fluch?, in: Zeitschrift für Betriebswirtschaft Ergänzungsheft, 63, S. 1271–1295.

Gerpott, Torsten J. (1994): Abschied von der Spitze – Eine empirische Studie zur Höhe und zu Determinanten der Ausscheidensquote von Top Managern Akquirierter Deutscher Unternehmen, in: Schmalenbachs Zeitschrift für Betriebswirtschaftliche Forschung, 46, S. 4–31.

Gerpott, Torsten J. (1995): Mitarbeiterorientierte Informationspolitik bei der Integration von Akquisitionen. Ein vernachlässigter Erfolgsfaktor externer Wachstumsstrategien von Pharma-Unternehmen; in: Lonsert, Michael, Preuß, Klaus-Jürgen; Kucher, Eckhard (Hrsg.), Handbuch Pharma-Management, Wiesbaden 1995, S. 875–898.

Gerpott, Torsten J. (2000): Personelle Veränderungen im Top Management nach Unternehmensakquisitionen in Ostdeutschland: Eine empirische Analyse, in: Zeitschrift für Betriebswirtschaft,, 70, S. 887–911.

Gerpott, Torsten J.; Hartmann, Ingo (2000): Integrationsmaßnahmen und Erfolg von Unternehmensakquisitionen in Ostdeutschland: Eine empirische Studie zur Verbreitung und zu Erfolgskorrelationen personalwirtschaftlicher und organisatorischer Maßnahmen, in: Die Betriebswirtschaft, 60, S. 97–111.

Gertsen, Martine Cardel ; Sonderberg, Anne-Marie (1998): Foreign Acquisitions in Denmark: Cultural and Communicative Dimensions; in: Gertsen, Martine Cardel; Sonderberg, Anne-Marie; Torp, Jens Eric (Hrsg.), Cultural Dimensions of International Mergers and Acquisitions, Berlin u.a. 1998, S. 167–196.

Gertsen, Martine Cardel ; Sonderberg, Anne-Marie; Torp, Jens Eric (Hrsg.) (1998): Cultural Dimensions of International Mergers and Acquisitions, Berlin u.a. 1998.

Geschwill, Roland (2000): Fusionen Erfolgreich Managen. Wege aus der Integrationsfalle, Frensdorf 2000.

Girgensohn-Marchand, Bettina (1992): Der Mythos Watzlawick und die Folgen. Eine Streitschrift gegen systemisches und konstruktivistisches Denken in pädagogischen Zusammenhängen, Weinheim 1992.

Girkinger, Willibald; Stiegler, Harald (Hrsg.) (2001): Mergers & Acquisitions. Konzeption – Instrumentarium – Fallstudien, Linz 2001.

Gomez, Peter; Weber, Bruno (1989): Akquisitionsstrategie. Wertsteigerung durch Übernahme von Unternehmungen, Stuttgart 1989.

Gouillart, Francis J.; Kelly, James N. (1995): Business Transformation, Wien 1995.

Grube, Rüdiger; Töpfer, Armin (2002): Post Merger Integration. Erfolgsfaktoren für das Zusammenwachsen von Unternehmen, Stuttgart 2002.

Grüter, Hans (1991): Unternehmungsakquisitionen: Bausteine eines Integrationsmanagements, Bern u.a. 1991.

Gut-Villa, Cornelia (1997): Human Resource Management bei Mergers & Acquisitions, Bern u.a. 1997.

Gürtler, Oliver; Kräkel, Matthias (2009): Hostile Takeover And Costly Merger Control, in: Public choice, Bd. 141, 2009, 3/4, S. 371–389.

Habeck, Max M.; Kröger, Fritz; Träm, Michael (2002): Wi(e)der das Fusionsfieber. Die sieben Schlüsselfaktoren erfolgreicher Fusionen, 2. überarb. Auflage, Wiesbaden 2002.

Hagemann, Stefan (1996): Strategische Unternehmensentwicklung durch Mergers & Acquisitions, Frankfurt/Main 1996.

Hambrick, Donald C.; Cannella, Albert A. (1993): Relative Standing: A Framework for Understanding Departures of Acquired Executives, in: Academy of Management Journal, 36, S. 733–762.

Hamon, Thierry ; Hagedorn, Martin (2008): Post Merger Integration : Quo Vadis HR? – Wechselwirkung Zwischen HR Management und Erfolgreicher Post Merger Integration, in: M & A Review, 2008, 12, S. 570–577.

Hartmann, Ingo (2002): Integration Akquirierter Unternehmen in den neuen Bundesländern: eine Empirische Analyse zu Erfolgswirkungen von Maßnahmen der Integrationsgestaltung, Frankfurt/Main u.a. 2002.

Hase, Stefan (1996): Integration Akquirierter Unternehmen: Planung, Konzeption, Bewertung und Kontrolle, Sternenfels u.a. 1996.

Haspeslagh, Philippe C.; Jemison, David B. (1992): Akquisitionsmanagement. Wertschöpfung durch Strategische Neuausrichtung des Unternehmens, Frankfurt/Main u.a. 1992.

Hatch, Mary Jo (1993): The Dynamics of Organizational Culture, in: Academy of Management Review, Vol. 18, No. 4, S. 657–693.

Heinen, Edmund (1997): Unternehmenskultur: Perspektiven für Wissenschaft und Praxis, München u.a. 1997.

Henckel von Donnersmarck, Marie-Elisabeth; Bebenroth, Ralf (2001): Fusionen. Gestalten und Kommunizieren, 4., erw. mit vier Praxisbeispielen und Erfahrungsberichten von Emilio Galli-Zugaro und Christoph Walther, Bonn u.a. 2001.

Herdin, Thomas; Luger, Kurt (2001): Der eroberte Horizont. Tourismus und Interkulturelle Kommunikation, http://www.bpb.de/publikationen/0KAL0U,1,0,Der_eroberte_Horizont.html, 24. 02. 2004.

Hilb, Martin (2000): Human Resources bei Globalen Fusionen, in: Personalwirtschaft, 9/2000, S. 45–48.

Hinterhuber, Hans H. (1996): Strategische Unternehmungsführung 1. Strategisches Denken: Vision, Unternehmenspolitik, Strategie, 6., Neubearb. und erw. Auflage, 1996.

Hinterhuber, Hans H.; Winter, Ludwig (1988): Unternehmenskultur und Corporate Identity; in: Dülfer, Eberhard (Hrsg.), Organisationskultur. Phänomen – Philosophie – Technologie, Stuttgart 1988, S. 189–200.

Hodges, Glenn B. (1999): Value Creation in Treuhandunternehmen Acquisitions: A Task-Acculturation Perspective on Acquisition Integration, Dissertation an der TU Berlin 1999.

Hofstede, Geert (1984): Cultural Dimensions in Management and Planning, in: Asia Pacific Journal of Management, No. 1, S. 81–99.

Hofstede, Geert (1993): Interkulturelle Zusammenarbeit. Kulturen – Organisationen – Management, Wiesbaden 1993.

Hofstede, Geert (1994): Uncommon sense about organizations. Cases, Studies and Field observations, Thousand Oaks 1994.

Hofstede, Geert (1997): Cultures and Organizations. Software of The Mind. Intercultural Cooperation and its Importance for Survival, Rev., New York u.a. 1997.

Hofstede, Geert (2001): Lokales Denken, Globales Handeln. Interkulturelle Zusammenarbeit und Globales Management, Originalausg., 2., durchges, München 2001.

Hofstede, Geert (2002): Culture's Consequences. Comparing Values, Behaviors, Institutions, and organizations Across Nations, 2. [Nachdr.], Thousand Oaks u.a. 2002.

Hofstede, Geert; Neuijen, Bram; Ohayv, Denise Daval; Sanders, Geert (1990): Measuring Organizational Cultures: A Qualitative and Quantitative Study Across Twenty Cases, in: Administrative Science Quarterly, Vol. 35, No. 2, S. 286–316.

Hohmann, Rolf; Riediger, Christian (2001): Speedmanagement für Fusionen, in: Das Personal, Jg. 53, Heft 8, S. 450–457.

Holt, James (1989): Handbuch für den Internationalen Unternehmenskauf, 1, Berlin 1989.

Honegger, Beat; Ahrendt, Wolfgang (Hrsg.) (1999): Visionen für Fusionen.1+1=?. Ein Prozessbegleiter, Hamburg u.a. 1999.

Hopfmüller, Lisa; Schimmer, Markus (2010): M&A als Teil der Unternehmenstrategie – Perspektiven aus der M&A Forschung, in: Müller-Stewens, Günter ; Kunisch, Sven; Binder, Andreas (Hrsg.): Mergers & Acquisitions, Stuttgart 2010, S. 171–196.

Jansen, Stephan A. (1999): Die Härte der Weichen Faktoren, in: Handelsblatt, 06./07.08.1999, S. K 3.

Jansen, Stephan A. (2000a): 10 Thesen gegen Post Merger Integration Management, in: Organisationsentwicklung, Nr. 1, S. 32–47.

Jansen, Stephan A. (2000b): Post Merger Management in Deutschland – Ergebnisse einer Empirischen Untersuchung (I), in: M&A Review, 09/2000, S. 334–339.

Jansen, Stephan A. (2000c): Post Merger Management in Deutschland (II): Einzelergebnisse einer empirischen Untersuchung, in: M&A Review, 10/2000, S. 388–392.

Jansen, Stephan A. (2001): Mergers & Acquisitions. Unternehmensakquisitionen und -Kooperationen. Eine Strategische, Organisatorische und Kapitalmarkttheoretische Einführung, 4., überarb. und erw. Auflage, Wiesbaden 2001.

Jansen, Stephan A. (2002): Die 7 Ks des Merger-Managements: Erste Ergebnisse von Qualitativ-empirischen Untersuchungen zum Fusionsmanagement bei Wissensbasierten und Kapitalbasierten Unternehmen, in: Zeitschrift für Führung und Organisation, 71. Jahrgang, Nr. 1, S. 6–13.

Jansen, Stephan A.; Körner, Klaus (2000): Fusionsmanagement in Deutschland. Eine Empirische Analyse von 103 Zusammenschlüssen mit deutscher Beteiligung Zwischen 1994 und 1998 unter Spezifischer Auswertung der Erfolgswirkungen des Typus der Fusion, der (Inter-)Nationalität, der Branche und der Unternehmensgröße. Ausgesuchte Ergebnisse, überarb. Fassung, Witten/Herdecke u.a. 2000.

Jansen, Stephan A.; Picot, Gerhard; Schiereck, Dirk (Hrsg.) (2001): Internationales Fusionsmanagement. Erfolgsfaktoren grenzüberschreitender Unternehmenszusammenschlüsse, Stuttgart 2001.

Jansen, Stephan A.; Pohlmann, Niko (2000): Anforderungen und Zumutungen: Das HR Management bei Fusionen, in: Personalführung, 2, S. 30–39.

Jöns, Ingela; Schlünzen, Ute (2003): Die Bedeutung und Gestaltung der Integrationsgeschwindigkeit bei Fusionen und Akquisitionen, in: Mannheimer Beiträge zur Wirtschafts- und Organisationspsychologie, Nr. 1, S. 3–9.

Jöns, Ingela; Weiss, Katharina (2003): Kulturveränderung als Einflussfaktor von Commitment bei Fusionen und Akquisitionen, in: Mannheimer Beiträge zur Wirtschafts- und Organisationspsychologie, Nr. 1, S. 10–15.

Jung, Helga (1993): Erfolgsfaktoren von Unternehmensakquisitionen, Stuttgart 1993.

Kakabadse, Andrew; Kakabadse, Nada (1999): Essence of Leadership, London 1999.

Katzenbach, Jon R.; Smith, Douglas K. (1993): The Wisdom of Teams. Creating the High.Performing Organization, Boston 1993.

Kay, Ira T.; Shelton, Mike (2000): The People Problem in Mergers, in: The McKinsey Quarterly, No. 4, S. 27–37.

Knapp, Karlfried (1995): Interkulturelle Kommunikationsfähigkeit als Qualifikationsmerkmal für die Wirtschaft; in: Bolten, Jürgen (Hrsg.), Cross Culture. Interkulturelles Handeln in der Wirtschaft, Ludwigsburg 1995, S. 8–23.

Kobi, Jean-Marcel; Wüthrich, Hans A. (1986): Unternehmenskultur verstehen, Erfassen und Gestalten, Lansberg/Lech 1986.

Koch, Thomas (2002): Post-Merger-Management; in: Picot, Gerhard (Hrsg.), Handbuch Mergers & Acquisitions. Planung, Durchführung, Integration, Stuttgart 2002, S. 383–406.

Kole, Stacey R.; Lehn, Kenneth (1997): Workforce Integration and the Disspiation of Value in Mergers: The Case of USAir's Acquisition of Piedmont Aviation, http://papers.ssrn.com/sol3/papers.cfm?abstract_id=5167, 20. 09. 2003.

Kopper, Enid (1997): Globalisierung: von der Vision zur Praxis. Methoden und Ansätze zur Entwicklung Interkultureller Kompetenz, Zürich 1997.

KPMG (2001): World Class Transactions. Insights into Creating Shareholder Value Through Mergers and Acquisitions, London, New York 2001.

Krishnan, Hema A.; Miller, Alex; Judge, William Q. (1997): Diversification and Top Management Team Complementarity: Is Performance Improved by Merging Similar or Dissimilar Teams?, in: Strategic Management Journal, 18, S. 361–374.

Krug, Jeffrey .A.; Hegarty, W. Harvey (1997): Postacquisition Turnover Among U.S. Top Management Teams: An Analysis of the Effects of Foreign vs. Domestic Acquisitions of U.S. Targets, in: Strategic Management Journal, 18, S. 667–675.

Krystek, Ulrich (1992): Unternehmenskultur und Akquisition, in: Zeitschrift für die Betriebswirtschaft, Jg. 62, Heft 5, S. 539–565.

Kuhn, Katharina (2010): Unternehmenskultur als Herausforderung der Post Merger Integration, Ilmenau 2010.

Kühlmann, Torsten M.; Stahl, Günter K. (1998): Diagnose Interkultureller Kompetenz: Entwicklung und Evaluierung eines Assessment Centers; in: Barmeyer, Christoph I.; Bolten, Jürgen (Hrsg.), Interkulturelle Personalorganisation, Sternenfels/Berlin 1998, S. 213–224.

Lamnek, Siegfried (1995): Qualitative Sozialforschung, 3., Korrigierte Auflage, München u.a. 1995.

Larsson, Rikard; Finkelstein, Sydney (1999): Integrating Strategic, Organizational, and Human Resource Perspectives on Mergers and Acquisitions: A Case Survey of Synergy Realization, in: Organization Science, 10, S. 1–26.

Larsson, Rikard; Lubatkin, Michael (2001): Achieving Acculturation in Mergers and acquisitions: An International Case Survey, in: Human Relations, Vol. 54, No. 12, S. 1573–1605.

Larsson, Rikard; Risberg, Anette (1998): Cultural Awareness and National Versus Corporate Barriers to Acculturation; in: Gertsen, Martine Cardel; Sonderberg, Anne-Marie; Torp, Jens Eric (Hrsg.), Cultural Dimensions of International Mergers and Acquisitions, Berlin u.a. 1998, S. 39–56.

Lederer, Volker (1998): Zur Transformation mittel- und osteuropäischer Betriebe: Ein Vergleich Ostdeutscher, Polnischer und Bulgarischer Betriebe auf qualitativ-empirischer Grundlage, München 1998.

Lehnus, Jürgen (2000): Speedmanagement für Fusionen, in: Management Berater, 11/2000, S. 26–30.

Lobel, Sharon A.; McLeod, Poppy L.; Cox, Taylor H. (1996): Ethnic Diversity and Creativity in Small Groups, in: Small Group Research, Vol. 27, Issue 2, S. 248–264.

Lohninger, Heinz (2001): Mergers & Acquisitions (M&A): Kooperationsbereitschaft – Die Bedingung im Post-Merger-Integrationsprozeß; in: Girkinger, Willibald; Stiegler, Harald (Hrsg.), Mergers & Acquisitions. Konzeption – Instrumentarium – Fallstudien, Linz 2001, S. 383–416.

Lubatkin, Michael; Calori, Roland; Very, Philipe; Veiga, John (1998): Managing Mergers Across Borders: A Two-nation Exploration of an Nationally Bound Administrative Heritage, in: Organization Science, 9, S. 670–684.

Lubatkin, Michael; Schweiger, David; Weber, Yaakov (1999): Top Management Turnover in Related M&A´s: An Additional Test of The Theory of Relative Standing, in: Journal of Management, 25, S. 55–74.

Lucks, Kai; Meckl, Reinhard (2002): Internationale Mergers & Acquisitions. Der Prozessorientierte Ansatz, Berlin u.a. 2002.

Lustig, Myron W.; Koester, Jolene (1996): Intercultural Competence. Interpersonal Communication Across Cultures, 2. Auflage, New York 1996.

Maceika, Augustinas; Jančiauskas, Bronius (2010): Lithuanian Industry Personnel Value Orientation towards Innovativeness: Analysis, Evaluation and Improvement Possibilities, in: Verslas: Teorija ir Praktika, Vol. 11, No. 4, S. 314–322.

Mačerinskienė, Irena; Survilaitė, Simona (2011): Company's Value Added and Its Intellectual Capital Coherence, in: Verslas: Teorija ir Praktika, Vol. 12, No. 2, S. 183–192.

Mackevičius, Jonas; Valkauskas, Romualdas (2010): Methodology of the Integrated Analysis of Company's Financial Status and Its Performance Results, in: Verslas: Teorija ir Praktika, Vol. 11, No. 3, S. 213–221.

Maddox, Robert C. (1993): Cross-cultural Problems in International Business. The Role of the Cultural Integration Function, 1. [Dr.], Westport 1993.

Marks, Mitchell Lee ; Mirvis, Philip H. (1992): Managing the Merger: Making it Work, Englewood Cliffs 1992.

Mayring, Philipp (2003): Qualitative Inhaltsanalyse. Grundlagen und Techniken, 8. Auflage, Weinheim u.a. 2003.

McKiernan, Peter; Merali, Yasmin (1997): Integrating Information Systems After A Merger; in: Lloyd, Bruce (Hrsg.), Creating Value Through Acquisitions, Demergers, Buyouts and Alliances, Oxford u.a. 1997, S. 59–75.

Mercer Management Consulting (2002): Transatlantic Mergers and acquisitions Deliver Greater Shareholder Value as Domestic Deals, http://www.mercermc.com/press/newsreleases/releases02/transatlantic1q02.html, 23.08.2003.

Meyer, Klaus E.; Möller, Inger Bjerg (1998): Managing Deep Restructuring: Danish Experiences in Eastern Germany, in: European Management Journal, 16, S. 411–421.

Michalenko, Paul (2009): The impact of Trust on The Organizational Merger Process, in: Research in Organizational Change and Development, Bd. 18, 2010, S. 279–314

Mohr, Niko (1997): Kommunikation und Organisatorischer Wandel. Ein Ansatz für ein Effizientes Kommunikationsmanagement im Veränderungsprozeß, Wiesbaden 1997.

Mohr, Niko; Woehe, Jens Marcus (1998): Widerstand erfolgreich managen. Professionelle Kommunikation in Veränderungsprojekten, Frankfurt/Main u.a. 1998.

Morosini, Piero; Shane, Scott; Singh, Harbir (1998): National Cultural Distance and Cross-border Acquisitions Performance, in: Journal of International Business Studies, 29, S. 137–158.

Morosini, Piero (2001): Managing Cross-cultural M&As: Today's Organizational Imperative is How to Win in Execution; in: Jansen, Stephan A., Picot, Gerhard; Schiereck, Dirk (Hrsg.), Internationales Fusionsmanagement. Erfolgsfaktoren Grenzüberschreitender Unternehmenszusammenschlüsse, Stuttgart 2001, S. 131–150.

Müller-Stewens, Günter (2010): Post Merger Integration: zum Stand des Wissens, in: Müller-Stewens, Günter; Kunisch, Sven; Binder, Andreas (Hrsg.): Mergers & Acquisitions, Stuttgart 2010, S. 198–228.

Münch, Richard (1990): Code, Struktur und Handeln: Soziale Milieus der Wissensproduktion; in: Haferkamp, Hans (Hrsg.), Sozialstruktur und Kultur, Suhrkamp 1990, S. 54–94

Nahavandi, Afsaneh; Malekzadeh, Ali R. (1988): Acculturation in Mergers and Acquisitions, in: Academy of Management Review, Vol. 13, No. 1, S. 79–90.

Nahavandi, Afsaneh; Malekzadeh, Ali R. (1993): Organizational Culture in the Management of Mergers, Westport 1993.

Nocke, Volker (2010): Vertical Merger, Collusion, and Disruptive Buyers, in: International Journal of Industrial Organization, Bd. 28, 2010, 4, S. 350–354.

Noll, Nathalie (1996): Gestaltungsperspektiven Interner Kommunikation, Wiesbaden 1996.

Nölting, Andreas (2000a): Werttreiber Mensch, in: Manager Magazin, 04/2000, S. 154–164.

Nölting, Andreas (2000b): M&A-Preis: Handschlag der Gewinner, in: Manager Magazin, 08/2000, S. 102–106.

Norburn, David; Schoenberg, Richard (1994): European Cross-Border Acquisitions: How was it for You?, in: Long Range Planning, 27 (4), S. 25–34.

Nupponen, Pertti (1995): Post-Acquisition Performance: Combination, Management and Performance Measurement in Horizontal Integration, Helsinki 1995.

O. V. (2000a): Fusionen: Wann endet der Wahn?, in: Manager Magazin, 3/2000, S. 76–78.

O. V. (2000b), http://www.daimlerchrysler.de, 13. 04. 2000.

O. V. (2000c), http://www.zum-thema.com, 13. 04. 2000.

O. V. (2000d): Mergers & Acquisitions. Kauf, was du kennst, in: Wirtschaftswoche, 03. 02. 2000, S. 145–147.

O. V. (2000e), http://www.rideanddrive.com, 13. 04. 2000.

O. V. (2000f), http://www.auto.com, 13. 04. 2000.

O. V. (2003): Vision, http://www.4managers.de/01-Themen/..%5C10-Inhalte%5Casp%5Cstrategischeplanung.asp?hm=1&um=S, 17. 12. 2003.

O. V. (2004), http://www.m-and-a.de/aktuell0010.htm, 12. 03. 2004.

Ogbonna, Emmanuel ; Harris, Lloyd C. (2002): Organizational Culture: A Ten Year, Two-Phase Study of Change in the UK Food Retailing Sector, in: Journal of Management Science, Vol. 39, No. 5, S. 673–706.

Olbrich, Michael (1999): Unternehmungskultur und Unternehmungswert, Wiesbaden 1999.

Olie, René (1990): Culture and Integration Problems in International Mergers and Acquisitions, in: European Management Journal, Vol. 8, No. 2, S. 206–215.

Ossadnik, Wolfgang (1995): Die Aufteilung von Synergieeffekten bei Fusionen, Stuttgart 1995.

Pablo, Amy L. (1994): Determinants of acquisition integration level: A decision making perspective, in: Academy of Management Journal, 37, S. 803–836.

Palm, A. 2005a. Corporate Location Policy in The Age of Globalization. *Journal of Business Economics and Management* 10(2): 81–85. ISSN 2029-4433.

Palm, A. 2005b. Ganzheitliche Kommunikationsstrategie bei der Post Merger Integration von Unternehmenskulturen. *Business: Theory and Practice* 6(4): 208–217. ISSN 1822-4202.

Palm, A. 2011. Concepts for Cultural Post Merger Integration. *Business: Theory and Practice* 12(1): 33–44. ISSN 1822-4202.

Palm, A. 2004a. Einfluss der Globalisierung auf die Standortpolitik von Unternehmen: Kolb Verlag, Mannheim. ISBN 3-936144-55-9.

Palm, A. 2004b. Die Ursachen der Grossen Depression 1929–1941 in den USA: Kolb Verlag, Mannheim. ISBN 3-936144-56-7.

Palm, A. 2004c. Die Zukunft Taiwans – politische und ökonomische Perspektiven: Kolb Verlag, Mannheim. ISBN 3-936144-57-5.

Palm, A. 2005c. Bedeutung von Netzwerken für die Regionale Innovationsförderung: Basilisken-Presse, Marburg. S. 30. ISBN 3-925347-77-1.

Palm, A. 2005d. Fallstudie zur Kulturellen Integration von zwei Akquisitionen eines Europäischen Stahlunternehmens. *Zeitschrift für Wirtschaft, Technik und Gesellschaft* 1: 24–29. ISSN 1860-8752.

Palmer, Andreas; Böde, Klaus (2003): Post-Merger Integration am Beispiel der VSB in der Tschechischen Republik, in: Controller Magazin, 1, S. 47–52.

Paqué, Karl-Heinz (1995): Weltwirtschaftlicher Strukturwandel und die Folgen, in: Aus Politik und Zeitgeschichte, B 49/95, S. 3–9.

Penzel, Hans-Gert; Pietig, Christian (Hrsg.) (2000): MergerGuide. Handbuch für die Integration von Banken, Wiesbaden 2000.

Peters, Thomas J.; Watermann, Robert H. (1993): Auf der Suche nach Spitzenleistungen: was man von den bestgeführten US-Unternehmen lernen kann, 13. Auflage, Landsberg/Lech 1993.

Picot, Gerhard (2002): Handbuch Mergers & Acquisitions. Planung, Durchführung, Integration, 2. Auflage, Stuttgart 2002.

Podsiadlowski, Astrid (1996): Interkulturelle Kompetenz, in: IO Management, 1/1996, S. 74–77.

Pondy, Louis R. (1990): Managing ambiguity and change, Reprinted, Chichester 1990.

Porter, Michael E. (1992): Wettbewerbsvorteile: Spitzenleistungen Erreichen und Behaupten, 3. Auflage, Frankfurt/Main u.a. 1992.

Pritchett, Price (1985): After the Merger: Managing the Shockwaves, Homewood 1985.

Raffée, Hans; Eisele, Jürgen (1993): Erfolgsfaktoren des Joint Venture-Management. Grundlagen und erste Ergebnisse einer empirischen Untersuchung, Mannheim 1993.

Ribbink, Kim (2003): The Most Critical Messages to Communicate in a Merger, in: Harvard Management Communication Letter, February 2003, Reprint, S. 3–5.

Riedel, Florian (2010): Value-based Mergers & Acquisitions-Management: die Steigerung des Shareholder Value durch M&A, Hamburg 2010.

Rigall, Juan; Tarlatt, Alexander (2010): Strukturelle Integration als Herausforderung des Managements von Post Merger Integrationen, in: Müller-Stewens, Günter ; Kunisch, Sven; Binder, Andreas (Hrsg.): Mergers & Acquisitions, Stuttgart 2010, S. 308–323.

Robbins, Stephanie S.; Stylianou, Anthony C. (1999): Post-merger Systems Integration: The Impact on IS capabilities, in: Information & Management,, 36, S. 205–212.

Sathe, Vijay (1985): Culture and Related Corporate Realities: Text, Cases, and Readings on Organizational Entry, Establishment, and Change, Homewood 1985.

Sauermann, Sabine (2000): Unternehmensinternes M-&-A-Management. Organisatorische Gestaltungsalternativen, Wiesbaden 2000.

Schein, Edgar H. (1992): Organizational Culture and Leadership, 2. Auflage, San Francisco u.a. 1992.

Schein, Edgar H. (1996): Unternehmenskultur: Ein Handbuch für Führungskräfte, 2. Auflage, Frankfurt/Main 1996.

Schein, Edgar H. (1999): The Corporate Culture Survival Guide. Sense and Nonsense About Culture Change, San Francisco 1999.

Schewe, Gerhard; Gerds, Johannes (2000): Studie zum PMI-Management: Erste Empirische Ergebnisse, Münster 2000.

Schewe, Gerhard; Gerds, Johannes (2001): Erfolgsfaktoren von Post Merger Integrationen: Ergebnisse einer Pfadanalytischen Untersuchung, in: Zeitschrift für Betriebswirtschaft Ergänzungsheft, 1, S. 75–103.

Schindler, Clemens Philipp ; Stingl, Harald (Hrsg.) (2009): Cross-border mergers in CEE/SEE, LexisNexis, Wien 2009.

Schmickl, Christina; Jöns, Ingela (2001): Der Einfluss weicher Faktoren auf den Erfolg von Fusionen und Akquisitionen, in: Mannheimer Beiträge zur Wirtschafts- und Organisationspsychologie, Nr. 3, S. 3–12.

Schnell, Rainer; Hill, Paul B.; Esser, Elke (1989): Methoden der Empirischen Sozialforschung, 2. Auflage, München 1989.

Scholz, Christian (2000): Personalmanagement, München 2000.

Schreier, Claus (2001): Kulturelle Integration Grenzüberschreitender Akquisitionen, Osnabrück 2001.

Schreier, Cornelia (1999): Schweigen ist Silber, Reden ist Gold. Von der Notwendigkeit, Rund um Fusionen Wirksam zu Kommunizieren; in: Honegger, Beat; Ahrendt, Wolfgang (Hrsg.), Visionen für Fusionen.1+1=?. Ein Prozessbegleiter, Hamburg u.a. 1999, S. 153–192.

Schreiner, Andreas; Wirth, Markus; Wirth, Thomas (2010): From Good to Great – Erfolgsfaktoren aus der Praxis in der Umsetzung von Post Merger Managment, in: Müller-Stewens, Günter ; Kunisch, Sven; Binder, Andreas (Hrsg.): Mergers & Acquisitions, Stuttgart 2010, S. 289–307.

Schreyögg, Georg (2002): Organisation. Grundlagen Moderner Organisationsgestaltung, 3., Überarb. und erw. Auflage, Wiesbaden 2002.

Schubbe, Marcus O. (1999): Der Einfluss von Unternehmenskulturen auf den Integrationsprozess bei Unternehmenszusammenschlüssen, Inaugural-Dissertation an der Albert-Ludwigs-Univärsität Freiburg im Breisgau 1999.

Schweiger, David M.; Denisi, Angelo S. (1991): Communication with Employees Following a Merger: a Longitudinal Field Experiment, in: Academy of Management Journal, Vol. 34, No. 1, S. 110–135.

Schweizer, Lars (2009): Post-merger Integration of International Biotechnology Startups: the Relationship Betweeen Entrepreneurial Strategy, Culture And Human Resources, in: Al-Laham, Andreas (Hrsg.), International Entrepreneurship,

Zeitschrift für Betriebswirtschaft: Special Issue, 1, Wiesbaden 2009, S. 133–153.

Scott, Cornelia (2001): Due Diligence in der Praxis – Risiken Minimieren bei Unternehmenstransaktionen, Wiesbaden 2001.

Shanley, Mark T. (1994): Determinants and Consequences of Post-Acquisition Change: A Framework and Analysis; in: Krogh, Georg van, Sinatra, Alessandro; Singh, Harbir (Hrsg.), The Management of Corporate Acquisitions: International Perspectives, London 1994, S. 391–413.

Stahl, Günter K. (2001): Management der Sozio-kulturellen Integration bei Unternehmenszusammenschlüssen und -Übernahmen, in: Die Betriebswirtschaft, Vol. 61, No. 1, S. 61–80.

Steinle, Claus; Eichenberg, Timm; Weber-Rymkovska, Julia (2010): Cultural Due Diligence als Erfolgsfaktor für international M&A-Transaktionen, in: Müller-Stewens, Günter ; Kunisch, Sven; Binder, Andreas (Hrsg.): Mergers & Acquisitions, Stuttgart 2010, S. 253–267.

Steinmann, Horst; Schreyögg, Georg (2000): Management. Grundlagen der Unternehmensführung, 5. Auflage, Wiesbaden 2000.

Stelter, Daniel; Strack, Rainer; Roos, Alexander (2000): Bewertung und wertorientierte Steuerung von E-Business Unternehmen, in: Controlling, 12.Jg., 08/2000, S. 409–415.

Strähle, Jochen (2003a): Cultural Due Diligence, Dissertation an der Friedrich-Schiller-Universität Jena, Jena 2003.

Strähle, Jochen (Hrsg.) (2003b): Interkulturelle Mergers & Acquisitions. Eine interdisziplinäre Perspektive, Sternenfels/Berlin 2003.

Strähle, Jochen (2003c): Der Einfluß der Unternehmenskultur auf den Erfolg von Mergers & Acquisitions – Eine Empirische Untersuchung zur Identifikation von Risikofeldern; in: Strähle, Jochen (Hrsg.), Interkulturelle Mergers & Acquisitions – Eine Interdisziplinäre Perspektive, Sternenfels/Berlin 2003, S. 38–58.

Straub, Reiner; Scholl, Jürgen (1999): Post Merger Integration bei Daimler Chrysler, in: Personalwirtschaft, Nr. 6, S. 32–36.

Strohmer, Michael F. (2001): Integration nach Merger and Acquisition. Erfolgskonzeption für das Post-Deal-Management, 1, Wiesbaden 2001.

Stüdlein, Yvonne (1997a): Management von Kulturunterschieden. Phasenkonzept für Internationale Strategische Allianzen, Wiesbaden 1997.

Stüdlein, Yvonne (1997b): Kulturelle Perspektive Internationaler Strategischer Allianzen. Phasenkonzept zum Management von Kulturunterschieden, Wiesbaden 1997.

Stüdlein, Yvonne (2000): Interkulturelle Post-Merger-Integration: Die Kust, zu Einem Erfolgreichen Ganzen Zusammenzuwachsen, in: M&A Review, 4, S. 137–142.

Stylianou, Anthony C.; Jeffries, Carol J.; Robbins, Stephanie S. (1996): Corporate Mergers and the Problems of IS Integration, in: Information & Management, 31, S. 203–213.

Thomas, Alexander (Hrsg.) (1985): Interkultureller Austausch als Interkulturelles Handeln, Saarbrücken 1985.

Thommen, Jean-Paul (2000): Managementorientierte Betriebswirtschaftslehre, 6., aktualisierte u. erg, Zürich 2000.

Thommen, Jean-Paul; Achtleitner, Ann-Kristin (2003): Allgemeine Betriebswirtschaftslehre. Umfassende Einführung aus Managementorientierter Sicht, 4., überarb. und erw., Wiesbaden 2003.

Thomson, James A.; McNamara, Peter (1998): Two-way Learning in West/East Mergers & Acquisitions: Short Term and Long Term Viewpoints, in: Journal for East European Management Studies, 3, S. 164–188.

Töpfer, Armin (2000): Mergers & Acquisitions: Anforderungen und Stolpersteine, in: Zeitschrift Führung+Organisation, 1/2000, S. 10–17.

Uhlenbruck, Nikolaus; De Castro, Julio (2000): Foreign Acquisitions in Central and Eastern Europe: Outcomes of Privatization in Transitional Economies, in: Academy of Management Journal, 43, S. 381–402.

Valackienė, Asta; Virbickaitė, Rūta (2011): Conceptualization of Crisis Situation in a Company, in: Journal of Business Economics and Management, Vol. XII, No. 2, S. 317–331.

Very, Philipe; Lubatkin, Michael; Calori, Roland (1996): A cross-national Assessment of Acculturative Stress in Recent European Mergers, in: International Studies of Management and Organisation, 26 (1), S. 59–86.

Vestring, Till; King, Brian; Rouse, Ted (2003): Should You Always Merge Cultures?, in: Harvard Management Update, May 2003, S. 10–11.

Wache, T. (1993): Corporate Identity als Ganzheitlicher Strategie, Wiesbaden 1993.

Wall, Stephen J.; Wall, Shannon Rye (2001): Post Merger Management – die optimale Integrationsstrategie. Gemeinsam zu Einem Neuen, Starken Unternehmen, Landsberg/Lech 2001.

Walter, Rolf (1997): Wirtschaftswissenschaften. Eine Einführung, Paderborn u.a. 1997.

Wasserstein, Bruce (2001): Big Deal. Mergers and Acquisitions in the Digital Age, New York 2001.

Watzlawick, Paul (1996): Wie Wirklich ist die Wirklichkeit. Wahn, Täuschung, Verstehen, Unveränd. Taschenbuchausg., 21. Aufl, München u.a. 1996.

Watzlawick, Paul; Beavin, Janet H.; Jackson, Don D. (2000): Menschliche Kommunikation. Formen, Störungen, Paradoxien, 10., unveränderte Auflage, Bern u.a. 2000.

Weber, Wolfgang; Hofstede, Geert; Dülfer, Eberhard (1998): Cross-cultural and Comparative International Human Resource Management, Wiesbaden 1998.

Weber, Yaakov (1996): Corporate Cultural fit and Performance in Mergers and Acquisitions, in: Human Relations, 49, S. 1181–1202.

Weber, Yaakov; Pliskin, Nava (1996): The Effects of Information Systems Integration and Organizational Culture on A Firm`s Effectiveness, in: Information & Management, 30, S. 81–90.

Weber, Yaakov; Shenkar, Oded; Raveh, Adi (1996): National and Corporate Cultural fit in Mergers/Acquisitions: An Exploratory Study, in: Management Science, 42, S. 1215–1227.

Weiss, Claudio (1999): Kohärenz durch Leadership; in: Honegger, Beat; Ahrendt, Wolfgang (Hrsg.), Visionen für Fusionen.1+1=?. Ein Prozessbegleiter, Hamburg u.a. 1999, S.

Welzmüller, Rudolf (1997): Zu den Folgen der Globalisierung für die Nationalen Güter-, Finanz-, und Arbeitsmärkte, in: Aus Politik und Zeitgeschichte, B 33-34/97, S. 20–28.

Wessely, Jean-Yves; Moldenhauer, Ralf (2010): Post Merger Integration beim Zusammenschluss zu Sanofi-Aventis, in: Müller-Stewens, Günter ; Kunisch, Sven; Binder, Andreas (Hrsg.): Mergers & Acquisitions, Stuttgart 2010, S. 324–325.

Whalen, Patricia T. (2001): How Communication Drives Merger Success, San Francisco 2001.

Winkler, Brigitte; Dörr, Stefan (2001): Fusionen überleben. Strategien für Manager, München u.a. 2001.

Wittwer, Antje (1995): Innerbetriebliche Kommunikation als Strategisches Instrument zur Mitarbeiterintegration bei Unternehmenszusammenschlüssen. eine Untersuchung Integrationshemmender und Integrationsfördernder Faktoren, München 1995.

Yin, Robert K. (2003): Case Study Research. Design and Methods, Third Edition, Thousand Oaks u.a. 2003.

Young, Ed (1989): On the Naming of the Rose: Interest and Multiple Meanings as Elements of Organizational Culture, in: Organization Studies, Vol. 10, S. 187–206.

Zaninelli, Susanne M. (1995): Sechs-Stufen-Modell eines Interkulturellen "integrativen Trainings"; in: Geissler, Karlheinz A. (Hrsg.), Handbuch Personalentwicklung und Training: ein Leitfaden für die Praxis, Köln 1995, S. 1–27.

Zaninelli, Susanne M. (2004): Internationale Projektteams und Globale Roll-outs: Chancen und Herausforderungen weltweiter Zusammenarbeit über die Entfernung, in: Interculture-Online, 8/2004, S. 1–9.

Žitkienė, Rima; Žitkus, Leonas (2011): Manifestations of Economic Integration Consequences in Lithuanian Foreign Trade, in: Verslas: Teorija ir Praktika, Vol. 12, No. 2, S. 103–112.

PLANUNG, ORGANISATION UND UNTERNEHMUNGSFÜHRUNG

Herausgegeben von Prof. Dr. Dr. h. c. Norbert Szyperski, Köln, Prof. Dr. Udo Winand, Kassel, Prof. (em.) Dr. Joachim Griese, Bern, Prof. Dr. Harald F. O. von Kortzfleisch, Koblenz, Prof. Dr. Ludwig Theuvsen, Göttingen, und Prof. Dr. Andreas Al-Laham †, Mannheim

Band 127
Shakib Manouchehri Far
Social Software in Unternehmen – Nutzenpotentiale und Adoption in der innerbetrieblichen Zusammenarbeit
Lohmar – Köln 2010 • 268 S. • € 57,- (D) • ISBN 978-3-89936-970-0

Band 128
Michaela Schaschke
Kultivierung von Kundenwissen – Ein Systematisierungsrahmen für das Customer Knowledge Management
Lohmar – Köln 2010 • 372 S. • € 65,- (D) • ISBN 978-3-89936-975-5

Band 129
Swantje Hartmann
External Embeddedness of Subsidiaries – Influences on Product Innovation in MNCs
Lohmar – Köln 2011 • 392 S. • € 66,- (D) • ISBN 978-3-8441-0037-2

Band 130
Melanie Kramp
Zukunftsperspektiven für das Prozessmanagement – Der Umgang mit Komplexität
Lohmar – Köln 2011 • 304 S. • € 59,- (D) • ISBN 978-3-8441-0069-3

Band 131
Andreas Palm
Post Merger Integration von Unternehmenskulturen – Interkulturelles Integrationskonzept unter besonderer Berücksichtigung einer ganzheitlichen Kommunikationsstrategie
Lohmar – Köln 2012 • 192 S. • € 49,- (D) • ISBN 978-3-8441-0137-9